易学易懂的理工科普丛书

极简图解
电池基本原理

[日] 中村信子 著

何春梅 张小猛 译

机械工业出版社

本书深入剖析了电池的工作机制，从结构、电气及化学等多个角度为读者提供了全面的讲解。全书详细解释了一次电池、二次电池、锂离子电池、燃料电池和太阳能电池等的基本结构和工作原理。为了让不擅长化学方程式的读者也能轻松理解，本书尽可能简化了表述，使用了大量直观、易懂的图表，哪怕是非常专业的理论知识也能做到通俗易懂。

本书是一本难得的关于电池的科技著作，为广大从事电池科学研究的科技工作者及科技爱好者提供了通俗易懂、内容全面、理论深入的参考。通过本书的学习，读者可以快速了解电池技术的全貌，从理论上理解电池的机理，了解电池技术的实际应用现状，从而为技术创新提供具有启发性的方向和路径。

図解まるわかり 電池のしくみ

(Zukai Maruwakari Denchi no Shikumi: 7857-8)

© 2023 Nobuko Nakamura

Original Japanese edition published by SHOEISHA Co., Ltd.

Simplified Chinese Character translation rights arranged with SHOEISHA Co., Ltd.

through Shanghai To-Asia Culture Co., Ltd.

Simplified Chinese Character translation copyright © 2025 by China Machine Press

北京市版权局著作合同登记 图字：01-2024-2891 号。

图书在版编目（CIP）数据

极简图解电池基本原理／（日）中村信子著；何春梅，张小猛译. -- 北京：机械工业出版社，2025. 5.
（易学易懂的理工科普丛书）. -- ISBN 978-7-111-78251-3

Ⅰ. TM911-64

中国国家版本馆 CIP 数据核字第 2025P140E2 号

机械工业出版社（北京市百万庄大街22号　邮政编码100037）
策划编辑：任 鑫　　　　　责任编辑：任 鑫 卢 婷
责任校对：贾海霞 梁 静　封面设计：马精明
责任印制：常天培
北京联兴盛业印刷股份有限公司印刷
2025 年 6 月第 1 版第 1 次印刷
170mm×230mm · 14.5 印张 · 250 千字
标准书号：ISBN 978-7-111-78251-3
定价：85.00 元

电话服务　　　　　　　　　网络服务
客服电话：010-88361066　　机 工 官 网：www.cmpbook.com
　　　　　010-88379833　　机 工 官 博：weibo.com/cmp1952
　　　　　010-68326294　　金 书 网：www.golden-book.com
封底无防伪标均为盗版　机工教育服务网：www.cmpedu.com

译 者 序

作为一家上市公司的首席信息官，同时也是多个科技企业的数字化客座顾问，科技已然成为我日常工作中密不可分的一部分。每日沉浸于前沿技术的浪潮里，助力公司数字化转型一路乘风破浪，每一次攻克技术难题，推动项目进展，都让我对科技的力量有更深的体悟。而忙碌之余，探寻不同领域的科技发展趋势，更是我多年来难以割舍的爱好，就像一位执着的探险家，在科技的浩瀚星空中不断追寻新的奥秘。

2024 年春，当我初次翻开《极简图解电池基本原理》的原著时，心中满是对即将开启的本书翻译工作的期待，也深知自己肩负着一座知识桥梁搭建者的重任。

身处这个科技日新月异、能源转型加速的时代，全世界都在为应对气候变化、实现可持续发展而殚精竭虑。能源，无疑成为贯穿经济、生活、环境等诸多领域的核心议题，而电池技术更是这其中最为耀眼且关键的突破点。在中国，电池行业正呈现出蓬勃发展的态势，展现出强大的市场活力与技术潜力。

从新能源汽车领域来看，2024 年中国新能源汽车产销量分别完成 1288.8 万辆和 1286.6 万辆，同比分别增长 34.4% 和 35.5%，新能源汽车新车销量达到汽车新车总销量的 40.9%。作为新能源汽车"心脏"的动力电池，需求也随之水涨船高。预计 2025 年全球新能源汽车销量将继续保持增长，这将进一步推动中国动力电池产业的发展。

在储能领域，中国同样表现出色。相关资料显示，截至 2024 年年底，中国新型储能装机规模首次超过抽水蓄能，锂离子电池储能成为市场占比最大的储能技术，累计达 78.3GW/184.2GW·h，功率/能量规模同比增长 126.5%/147.5%。2024 年中国新增新型储能投运装机规模 43.7GW/109.8GW·h，同比增长 103%/136%，且新增新型储能投运项目数量同比增长 182%，百兆瓦级项目数量增速明显。预计到 2025 年年底新型储能累计装机规模将超过 100GW。

此外，固态电池等前沿技术的产业化进程也在不断提速。2024 年 6 月，工业和信息化部发布的《2024 年汽车标准化工作要点》明确提出，围绕固态电池等新领域，前瞻研究相应标准子体系，支撑新技术创新发展。全球首条 GW·h 级新型固态电池生产线也于当年 11 月正式落户安徽芜湖。据国盛证券预测，2025 年全球固态电池需求量为 17.3GW·h，市场前景广阔。

从日常为我们电子设备供能的小小电池，到驱动电动汽车驰骋的强大电源，再到支持大规模储能系统稳定运行的电池方阵，电池已然全方位融入了现代社会的肌理，在中国更是成为推动经济发展和能源转型的重要力量。

原著的开篇巧借神秘而又古老的巴格达电池，瞬间将读者拉回到数千年前人类对电的最初探索时光，由此顺藤摸瓜般地梳理出一条清晰且引人入胜的电池发展脉络。一次电池家族中的锌锰干电池，虽看似普通，但其内部精妙的化学构造和稳定的供电机制，让我不禁惊叹前人智慧与现代科技传承的奇妙融合；还有那应用广泛的铅酸蓄电池，解读其充放电过程中的复杂物理化学变化，如同拆解一台精密机器，每一个细节都不容小觑。

随着书页的翻动，锂离子电池、燃料电池等前沿技术篇章跃然眼前，仿佛一扇通往未来能源世界的时空之门缓缓敞开。这些技术不仅承载着科学家们攻克能源难题的雄心壮志，更预示着人类社会即将迎来的翻天覆地的变革。翻译过程中，为了精准把握那些新兴术语和复杂工艺描述，我查阅了大量的专业文献，与国内外专家频繁交流探讨，力求让读者能够原汁原味地领略到前沿科技的魅力。

特别是书中第6章，将电池置于波澜壮阔的新能源变革浪潮之中，深入剖析其在太阳能、风能等间歇性能源存储与释放过程中的关键角色，让我们清晰认识到电池是如何成为稳定能源供应网络的中流砥柱；而第7章聚焦日本这个资源匮乏却又科技发达的国家，探讨其在可再生能源发展道路上遭遇的重重困境与破局之策，为全球能源转型提供了极具价值的镜鉴。

全书采用图解形式，把原本晦涩难懂、充斥着专业公式与术语的电池知识，转化为一幅幅直观形象、易于理解的精美图示。这一设计极大地降低了阅读门槛，使得专业人士能够借此深化专业知识，查漏补缺；而广大科技爱好者也能凭借它轻松叩开电池科技的大门，一窥其中奥秘。

业余时间，我毅然投身于这本书的翻译工作，正是源于内心深处对知识传播的热忱，渴望将这一电池领域的集大成之作引入中国，让更多人能够紧跟能源发展的时代脉搏，在电池技术的浩瀚星空中找到前行的方向。在漫长而艰辛的翻译过程中，每一个挑灯夜战的时刻，每一次攻克术语难关的喜悦，都化作了此刻笔下的深情。我衷心期望，每一位翻开这本书的读者，都能获得丰厚的收益，与我一同沉醉于电池世界的无穷魅力之中，携手迈向更加绿色、智能的未来能源之路。

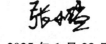

2025 年 1 月 23 日

原 书 前 言

小时候，干电池驱动的玩具总是电量"告急"，玩不了多久就"罢工"了。但没过多久，随着口碑良好的电池纷纷上市，"随身听"也走进了人们的生活，可重复充电的电池变得随处可得。我这才惊觉，自己已然被各种各样的电池包围了。

那时的干电池含有汞、充电电池含有镉等有毒金属，我心里不禁犯嘀咕：电池这种便利性，是不是用环境作为代价换来的呢？很快，标榜"环保"的无汞干电池和不含镉的新型充电电池相继问世，它们都是日本制造商在全球率先商品化的成果。那一刻，我深切感受到了"技术革新能够同时实现便利与环保"的魅力。

如今，与我们生活最贴近的电池，无疑是智能手机中使用的锂离子电池。日本的吉野彰博士因参与研究开发锂离子电池而荣获 2019 年诺贝尔化学奖，那场景至今仍历历在目。其获奖理由是"对智能手机和 PC 等信息化社会产品的卓越贡献"及"有望解决环境问题的巨大潜力"。这无疑是对"技术革新可以同时实现便利和环保"这一观点的有力肯定。

尽管关于锂离子电池的新闻报道铺天盖地，但大多数人对锂离子电池及其他电池的内部构造和工作原理却知之甚少。

于是，在本书中，我打算先梳理电池的种类，再沿着它们的发展历程，阐释各种电池的特性与结构。为了让不擅长化学方程式的读者也能轻松理解，我尽可能简化了表述，哪怕是专业知识，也力求通俗易懂。

锂离子电池已然成为 21 世纪的"石油"，但其诞生背后，凝聚着无数研究人员和技术工作者的心血与汗水。了解这些电池的种类及历史，你便能预见未来的发展趋势，感受科技的力量与魅力。

中村信子

目　　录

极简图解电池基本原理

第 4 章　**彻底改变我们生活的电池** ············· **117**
锂离子电池及同类电池

极简图解电池基本原理

第7章　电池世界
处于变化之中的日本电力能源

第 1 章

电池是什么

~将能量转化为电能的机制~

电池支撑着世界

▶▶ 电池的巨大需求开始了

当下，全球范围内的电池生产活动正呈现出蓬勃发展的态势。在日本、欧美、中国等，电池工厂持续增强生产能力，新工厂的建设接连不断，政府与企业纷纷加大对电池产业的投资（见图 1-1）。与此同时，围绕电池原材料（如稀有金属等）的争夺之战也悄然拉开帷幕。

全世界都在竞相生产的电池，便是用于电动汽车的储能设备——锂离子电池。实际上，它与智能手机所使用的电池属于同一类型，并且锂离子电池发明者在 2019 年荣获了诺贝尔化学奖这一殊荣。

▶▶ 生活充满了电池

除了备受瞩目的电动汽车及早已成为生活必需品的智能手机外，电池也是我们日常生活中不可或缺的存在。笔记本电脑、数码相机等通常采用可充电电池，而电视遥控器、玩具、手电筒等往往内置一次电池（见图 1-2）。

当灾害或紧急情况发生时，电池发挥着至关重要的作用。在应急灯、感应灯和火灾报警器中安装电池，使其可以全天候不间断地守护着我们的安全；在医院和工厂等场所，特殊电池作为备用电源，在停电时为关键设备提供电力支持；在住宅和商业建筑等的屋顶上安装的太阳能电池板，以及被宣传为节能节电的能源农场，其核心组件同样是电池。

▶▶ 最出名的电池是什么

电池种类繁多、用途广泛。当提及"电池"时，很多人首先都会想到干电池。实际上，干电池堪称最早普及且最为著名的电池之一。

图 1-1　世界各地不断扩大的电池工厂

世界各地的电池量产化全面展开

图 1-2　我们身边的电池

便携式音乐播放器　锂离子电池

智能手机　锂离子电池

太阳能电池板　太阳能电池

医院　燃料电池　工厂　锂离子电池

笔记本电脑　锂离子电池

能源农场　燃料电池

火灾警报器　一次电池

感应灯　镍氢电池

玩具　干电池

遥控器　干电池　时钟　无绳电话　镍氢电池

要点

　　全球范围内，电池的生产活动日益活跃，这里所说的电池，与智能手机中使用的电池属于同一类型，即锂离子电池。

　　在日常生活中，我们使用的电池分为可充电重复使用的电池与一次性使用的电池两类。

　　屋顶上安装的太阳能电池板，以及被宣传为能够节省电费、实现节能的能源农场，它们的核心组件均为电池。

按电池的原理分类

▶▶ 按照电池的原理分类

在我们的日常生活中，电池的种类可谓五花八门。对其进行分类，能让我们更为清晰地洞悉每种电池的独特特性与作用。

依据电池的原理来划分，存在通过化学反应产生电能的化学电池、凭借光或热等物理能量产生电能的物理电池，以及借助生物功能产生电能的生物电池（见图1-3）。

▶▶ 通过化学反应产生电能的电池

化学反应，即一种物质转化为另一种物质的过程。我们所熟知的干电池、智能手机电池等诸多电池都归属于化学电池范畴。

化学电池可进一步细分为一次电池、可充电的二次电池，以及只要提供发生化学反应的物质（燃料）就能产生电能的燃料电池。换句话说，化学电池能够依据其使用方式是一次性的还是可重复使用的来加以分类。

▶▶ 光、热、生物功能也能制造电池

物理能量涵盖光、热等能量形式。物理电池包含将光能转化为电能的太阳能电池、把热能转化为电能的热电池，以及利用核能产生电能的核能电池。物理电池是按照它们从何种物理能量中产生电能来进行分类的。

除此之外，还有利用酶、叶绿素等生物催化剂或微生物的氧化还原反应来产生电能的生物电池。

通常情况下，我们往往将化学电池直接称为电池，而把物理电池和生物电池统称为特殊电池。

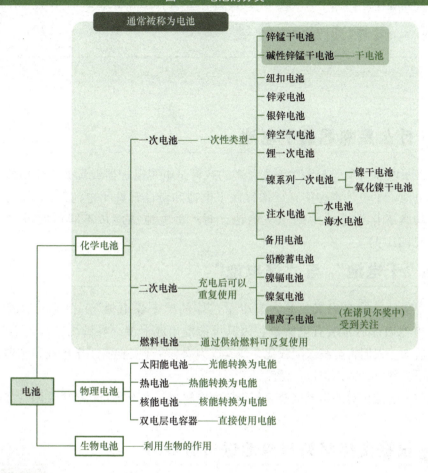

图 1-3　电池的分类

通常被称为电池

- 锌锰干电池
- 碱性锌锰干电池——干电池
- 纽扣电池
- 锌汞电池
- 银锌电池
- 锌空气电池
- 锂一次电池
- 镍系列一次电池
  - 镍干电池
  - 氧化镍干电池
- 注水电池
  - 水电池
  - 海水电池
- 备用电池

一次电池——一次性类型

二次电池——充电后可以重复使用

- 铅酸蓄电池
- 镍镉电池
- 镍氢电池
- 锂离子电池——(在诺贝尔奖中)受到关注

化学电池

燃料电池——通过供给燃料可反复使用

物理电池
- 太阳能电池——光能转换为电能
- 热电池——热能转换为电能
- 核能电池——核能转换为电能
- 双电层电容器——直接使用电能

电池

生物电池——利用生物的作用

要点

　　✎电池依据原理可分为化学电池（通过化学反应产生电能）、物理电池（利用光或热等物理能量产生电能）和生物电池（借助生物功能产生电能）。

　　✎化学电池按照使用方式可分为一次电池、可重复使用的二次电池和燃料电池。

　　✎日常提及的"电池"通常是指化学电池，物理电池和生物电池常被称为特殊电池。

对一次电池进行分类

▶▶ 什么是熟悉的干电池

谈及电池，我们脑海中率先浮现的或许是电视遥控器或玩具里使用的圆柱形干电池。干电池类型多样，像锌锰干电池和碱性锌锰干电池等都颇为常见，它们均属于化学电池中的一次电池，而一次电池还能从不同角度进一步细分（见图 1-4）。

▶▶ "干电池"与"湿电池"

干电池，顾名思义，是含有少量液体的"干燥电池"。在干电池问世之前，电池内部通常装有电解液，因其可能溢出或泄漏，导致携带极为不便。

后来，人们将电解液凝胶化并使其成为固态，于是便有了干电池，它即便翻转也不会漏液，因而得以广泛流行。

与干电池相对的是湿电池，其仍使用电解液，由于使用和携带受限，如今已几乎停产。

▶▶ 根据负极材料对电池进行分类

一次电池可依据使用的负极材料进行分类，主要分为锌系和锂系（见图 1-5）。

锌系涵盖锌锰干电池、碱性锌锰干电池、银锌电池等，锂系则包括锂一次电池。

此外，还有以镁或铝作为负极的镁空气电池和铝空气电池等，这些电池有望大幅提升容量，作为下一代电池备受期待。

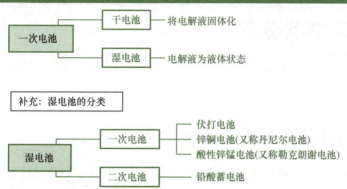

图 1-4 根据电解液对一次电池的分类

一次电池 ── 干电池 ── 将电解液固体化
一次电池 ── 湿电池 ── 电解液为液体状态

补充：湿电池的分类

湿电池 ── 一次电池 ── 伏打电池
湿电池 ── 一次电池 ── 锌铜电池(又称丹尼尔电池)
湿电池 ── 一次电池 ── 酸性锌锰电池(又称勒克朗谢电池)
湿电池 ── 二次电池 ── 铅酸蓄电池

※二次电池中的铅酸蓄电池作为湿电池至今仍在使用。

图 1-5 根据负极对一次电池的分类

一次电池 ── 锌系 ── 负极使用锌 ── 锌锰干电池
 ── 碱性锌锰干电池
 ── 银锌电池
 ── 镍系一次电池
 ── 锌空气电池

一次电池 ── 锂系 ── 负极使用锂 ── 锂一次性电池

一次电池 ── 其他 ── 负极使用镁 ── 镁空气电池
 ── 负极使用铝 ── 铝空气电池

要点

✎ 干电池是将传统电解液凝胶化并形成固态的"干燥电池"。

✎ 湿电池因携带不方便，在干电池普及后基本不再生产。

✎ 一次电池可按负极使用的金属材料分为锌系、锂系等。

按电池形状分类

▶▶ 日常生活中使用的圆形电池

即便同属化学电池，不同种类的电池也会依据用途被制成各式各样的形状。

日常生活中最常用的干电池是圆柱形的，从单1号到单5号共有五种不同规格（见图1-6）。市面上也有单6号电池销售，但均为进口产品，日本国内并不生产。此外，电池中的"单"表示"单个1.5V电池（单元）"。

纽扣形电池（简称纽扣电池）常用于手表、助听器、电子游戏机等小型设备，它是厚度小于直径的圆形电池。在纽扣电池中，还有一种特别薄、类似硬币形状的，通常被称为硬币形电池。

在助听器和无线耳机等设备中，使用的是更小的针形电池，其直径仅为3~5mm，高度为2~4mm，已经实现了相当高的小型化程度。

圆柱形、纽扣形、硬币形、针形电池都为圆形，因此用形状符号R表示。

▶▶ 略有小众的扁平形电池

干电池中，还有比圆柱形更大的长方体形状，包括方形电池和扁平形电池（见图1-7）。

在方形电池中，有一种006P形的叠层形电池，它由6个1.5V的干电池串联而成，电压可达9V，常用于需要高电压的电动工具或遥控汽车等。

方形、扁平形、006P形电池均为四边形，所以用形状符号F表示（见图1-8）。

图1-6　圆形电池

| 圆形 | | 圆柱形 | | | 纽扣形(R) |

单1号　单2号　单3号　单4号　单5号

硬币形(R)

针形电池(R)

图1-7　方形和扁平形电池

方形　　　扁平形　　　叠层形电池(006P形)

图1-8　表示电池形状的符号

形状符号	电池形状	
R	圆形	圆柱形
		纽扣形
		硬币形
		针形
F	方形、扁平形	

要点

🖋 干电池有单1号到单6号，单6号在日本为进口产品。

🖋 电池形状分为圆形（圆柱形、纽扣形、硬币形、针形，用 R 表示）和方形、扁平形（用 F 表示）。

🖋 方形电池中的006P形是由6个干电池串联的高电压叠层形电池。

电池的起源和历史

▶▶ 在遗迹中发现了最古老的电池

1936 年，人们在伊拉克首都巴格达郊外的格加特拉布阿村有了惊人发现，那是一件公元前 3 世纪至公元 3 世纪帕提亚时代的陶器，高约 10cm，直径约 3cm，陶器内部有一个铜制管子，铜管内插着一根铁棒。

当时担任伊拉克博物馆馆长的德国考古学家瓦利哈拉姆·卡维尼格推测，如果在铜管中倒入由葡萄酒腐败产生的醋酸或盐水，再插入铁棒，就能产生电流，于是他提出"这个陶罐被用作电池"，这便是被称为巴格达电池的神秘陶器（见图 1-9）。然而，由于未发现电的使用痕迹，且在陶罐内发现了写有祈祷文的羊皮纸，人们猜测它可能并非用于电池，而是具有某种宗教意义。

▶▶ 从青蛙实验中诞生的电池

1780 年左右，意大利生物学家伽伐尼在解剖青蛙时偶然发现，当他将铜线插入青蛙腿并连接到铁棒时，青蛙腿会抽搐（见图 1-10）。伽伐尼据此认为动物体内存在电流流动，进而提出了"动物电"的概念。

然而，意大利物理学家伏打却持有不同观点，他认为是铜和铁这两种不同金属与青蛙腿部体液接触产生电流，从而导致肌肉收缩。后来，伏打发现用浸过盐水的纸接触这两种金属也能产生电流。利用这一现象，伏打在 1799 年制作了伏打电堆，它由多层浸过盐水的海绵状物质隔开的锌和铜交替堆叠而成（见图 1-11）。

就这样，通过两种不同金属和青蛙腿部体液或盐水产生电流的现象得到证实，"动物电"理论被否定。

图 1-9 巴格达电池的结构

沥青
陶器
铁棒
铜管

图 1-10 伽伐尼的青蛙实验

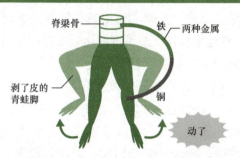

脊梁骨　铁　两种金属
剥了皮的青蛙脚
铜
动了

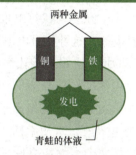

两种金属
铜　铁
发电
青蛙的体液

图 1-11 伏打电堆的原理

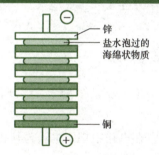

－
锌
盐水泡过的海绵状物质
铜
＋

要点

✐ 伽伐尼提出"动物电"的概念，认为动物体内有电流流动，被伏打否定。

✐ 伏打发现两种不同金属与青蛙腿部体液或盐水接触能产生电流，进而创造了伏打电堆。

✐ 伏打电堆是由多层浸过盐水的海绵状物质隔开的锌和铜交替堆叠而成。

第1章

世界上首个化学电池的诞生

▶▶ **世界上首个化学电池——伏打电池**

　　1800年，伏打对伏打电堆进行了改进，发明了使用锌和铜两种金属及稀硫酸的伏打电池。这种伏打电池与伏打电堆一样，都是借助化学反应产生电能，它们均被视为世界上最早的化学电池。

　　伏打电池的结构极为简单，它由一个装有稀硫酸（H_2SO_4）的水槽构成，稀硫酸中含有带正电的氢离子（H^+）和带负电的硫酸根离子（SO_4^{2-}），此稀硫酸被称为电解液，水槽中插入锌板和铜板，两者通过导线连接（见图1-12）。

　　当连接两个金属板之间的导线时，锌板会开始溶解，形成锌离子（Zn^{2+}），同时锌板上会留下电子（e^-）。这些电子聚集后（带电），通过导线向铜板方向移动。伏打电池中锌板的化学方程式（半反应式）为

$$Zn \rightarrow Zn^{2+} + 2e^- \qquad （A）$$

▶▶ **电流流动是什么意思**

　　首先，我们来明确一下"电流流动"的含义。所谓"电流流动"，实际上就是"电子在移动"。

　　这里需要注意的是，尽管在电路中规定电流是从正极流向负极，但电子的实际移动方向是从负极流向正极（见图1-13）。

　　以伏打电池为例，电子从锌板流向铜板，所以锌板为负极，铜板为正极。同时，电流则是从铜板（正极）流向锌板（负极）。这是一个较为复杂的问题，其根源在于电子尚未被发现之前，人们就已经确定了电流的流动方向。后来，当人们认识到电流是由电子组成，且电子带有负电荷后，电流的方向便被固定下来，而电子被定义为负电荷的载体。

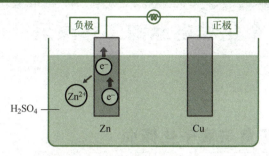

图 1-12　伏打电池的负极反应结构

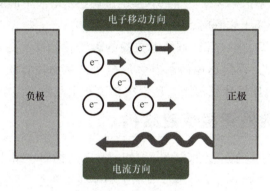

图 1-13　电子的移动方向与电流的方向

要点

　　🖊 将锌板和铜板置于装有稀硫酸的容器中，并用导线连接，便构成了伏打电池，它与伏打电堆同为世界上最早的化学电池之一。

　　🖊 在伏打电池中，锌板溶解产生锌离子，同时堆积在锌板上的电子经导线向铜板移动。

　　🖊 由于电子流动方向与电流方向相反，所以电流从铜板流向锌板，在外部电路中形成回路。

世界上首个化学电池的工作原理

▶▶ 电极的正负与离子化倾向

金属在水溶液中具有释放电子的特性。由于电子带负电荷，释放电子后的金属会带上正电荷，形成阳离子。不同种类的金属在水溶液中形成阳离子的难易程度各异，这被称为离子化倾向。

从图 1-14 可以看出，锌比铜具有更高的离子化倾向，更容易成为阳离子。因此，在稀硫酸中，锌会迅速溶解并释放电子，从而使锌板成为负极。相反，铜板的离子化倾向比锌和氢都小，所以在稀硫酸中几乎不溶解（见图 1-15）。

▶▶ 伏打电池的正极反应结构

积累在锌板（负极）上的电子通过导线到达铜板（正极）。此时，稀硫酸（H_2SO_4）作为电解质，会分解成氢离子和硫酸根离子。到达正极的电子会吸引稀硫酸中带正电的氢离子，氢离子获得电子后成为氢原子，两个氢原子结合形成氢分子，从而在铜板（正极）上产生氢气（见图 1-16），化学方程式为

$$2H^+ + 2e^- \rightarrow H_2 \qquad (B)$$

▶▶ 物质失去电子的反应

在伏打电池的负极，锌失去电子（参见 1-6 节的化学方程式 A），这种物质失去电子的反应被称为氧化反应。而在正极，氢离子获得电子变成氢气（见上述化学方程式 B），这是一个还原反应。可以说，电池是通过电极的氧化还原反应来产生电能的。

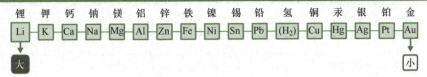

图 1-14　金属的离子化倾向

锂　钾　钙　钠　镁　铝　锌　铁　镍　锡　铅　氢　铜　汞　银　铂　金

Li　K　Ca　Na　Mg　Al　Zn　Fe　Ni　Sn　Pb　(H₂)　Cu　Hg　Ag　Pt　Au

大　　　　　　　　　　　　　　　　　　　　　　　　　　　　小

图 1-15　电极的正负

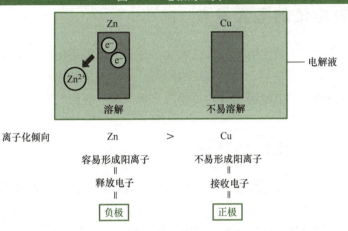

图 1-16　伏打电池的正极反应结构

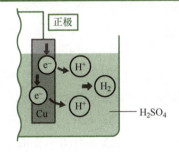

要点

✎ 在化学电池的电极中，离子化倾向大的金属易形成负极。

✎ 在伏打电池的正极，稀硫酸中的氢离子接收从负极来的电子变成氢气。

✎ 伏打电池中，在负极，锌失去电子发生氧化反应；在正极，氢离子获得电子发生还原反应。伏打电池通过电极氧化还原反应产生电流。

世界上首个化学电池未能实用化的原因

▶▶ 伏打电池的最大缺点

作为世界上首个化学电池的伏打电池，并未实现实用化。其主要原因是伏打电池存在一个最大的缺点：反应持续时间短，电流很快就会停止流动。日本传统高中教科书曾解释为电流流动时，正极的铜板表面会被氢气气泡覆盖，阻碍反应进行（即极化）。

▶▶ 电流停止流动的原因

然而，通过实验验证发现，不仅是正极，负极的锌板也会溶解在稀硫酸中并产生氢气（见图 1-17）。

负极产生的氢气会消耗原本应流向正极的电子，导致伏打电池的电流减小。正如正极一样，如果负极的锌板表面也被氢气气泡覆盖，反应就会受到阻碍，产生极化现象（见图 1-18）。

▶▶ 正极的实际反应

另一方面，正极的铜板表面实际上在空气中会迅速被氧化（即生锈），形成氧化亚铜（Cu_2O），并接收来自负极的电子，通过以下还原反应产生电流：

$$Cu_2O + 2H^+ + 2e^- \rightarrow 2Cu + H_2O$$

通过实际进行伏打电池实验发现，其电流非常小，并且由于两极产生氢气导致极化，正极的反应也与预期不同，因此近年来日本高中教科书已不再涉及此方面内容。

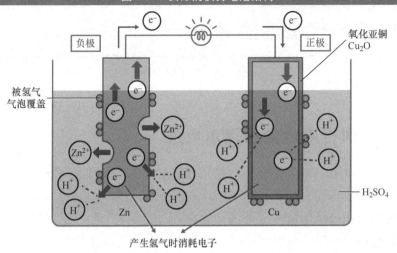

图 1-17　实际的伏打电池结构

负极

被氢气气泡覆盖

产生氢气时消耗电子

氧化亚铜 Cu_2O

正极

H_2SO_4

Zn

Cu

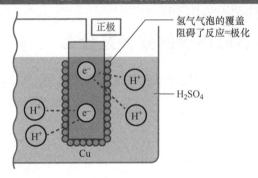

图 1-18　由氢气引起的极化

正极

氢气气泡的覆盖阻碍了反应=极化

H_2SO_4

Cu

要点

🖋 伏打电池"因正极表面被氢气气泡覆盖而阻碍反应（即极化）"，曾被认为电池寿命短。

🖋 实际上，"两极都产生氢气且负极表面也被氢气气泡覆盖"使电流变小，电流很快停止流动。

🖋 正极铜板被氧化成氧化亚铜，释硫酸溶液中溶解的铜离子接收电子生成铜，发生了还原反应。

通向下一代电池的开发

▶▶ 改进伏打电池的丹尼尔电池

　　1836 年，英国约翰·弗雷德里克·丹尼尔改进了伏打电池反应持续时间短的缺点，发明了世界上首个实用的化学电池——丹尼尔电池。

　　丹尼尔电池的结构由一个外部是玻璃、内部是未上釉的双层圆筒形容器组成，与伏打电池一样，负极使用锌、正极使用铜（见图 1-19）。不同之处在于，丹尼尔电池使用硫酸锌溶液作为负极电解液、硫酸铜溶液作为正极电解液，并通过未上釉容器的隔膜将这些电解液分开。此未上釉容器有许多微小孔，特点是溶液不能通过，但电解液中的离子可以通过。

▶▶ 未上釉容器的隔膜的效果是什么

　　在丹尼尔电池的负极，发生的反应与伏打电池相同，即锌溶解产生锌离子和电子，电子通过导线移动到正极，与正极电解液中的铜离子反应，使铜沉积出来（见图 1-20）。

负极：$Zn \rightarrow Zn^{2+} + 2e^-$

正极：$Cu^{2+} + 2e^- \rightarrow Cu$

　　由于电解液中未使用稀硫酸，所以不会像伏打电池那样产生氢气，也不会发生极化。但随着反应进行，负极电解液中锌离子将过剩，电解液带正电荷，正极侧铜离子浓度降低，电解液带负电荷，反应就会结束。

　　另一方面，电解液有保持电中性的作用（电中性原理），通过锌离子在隔膜间从负极侧移动到正极侧，或硫酸根离子从正极侧移动到负极侧，使电解液整体的正负电荷保持为零，从而使电池反应持续（见图 1-21）。当电解液中的铜离子耗尽，或锌离子浓度增加到饱和状态时，电池的反应就会停止。

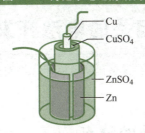

图 1-19　丹尼尔电池的结构

Cu
CuSO$_4$
ZnSO$_4$
Zn

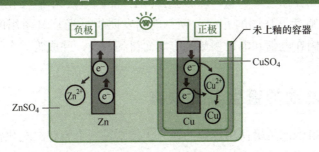

图 1-20　丹尼尔电池的反应结构

负极　　　　正极　　　未上釉的容器

CuSO$_4$

ZnSO$_4$

Zn　　Cu

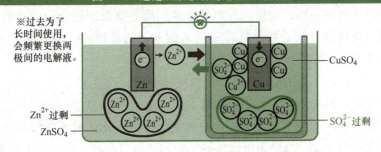

图 1-21　通过隔膜移动的电极间的离子

※过去为了长时间使用，会频繁更换两极间的电解液。

CuSO$_4$

Zn

Zn^{2+}过剩
ZnSO$_4$

SO$_4^{2-}$过剩

要点

    ✏ 丹尼尔电池由于在电解液中没有使用稀硫酸，所以不会像伏打电池那样产生氢气进而发生极化。

    ✏ 依据电中性原理，正负极的金属离子通过隔膜移动，电解液的正负电荷保持为零，延长电池寿命。

第 1 章

19

第1章　电池是什么

与锌锰干电池相关的电池开发

▶▶ **改进丹尼尔电池的缺点**

丹尼尔电池存在一个缺点，即反应会因电解液中离子浓度变化而停止。为解决此问题，1866 年，法国的乔治·勒克朗谢发明了既经济又耐用的勒克朗谢电池，这种电池因在电信和电话领域的应用而得到普及，并成为如今锌锰干电池的前身。

▶▶ **耐用电池的诞生及其缺点**

勒克朗谢电池的负极使用传统的锌，正极则是一个装有二氧化锰粉末的多孔容器，并插入一根碳棒（见图 1-22），碳棒起导电作用，当它们浸入氯化铵电解液中时，负极的锌溶解生成 $Zn(NH_3)_2Cl_2$。

与丹尼尔电池不同，这里因锌离子浓度过高导致反应停止的问题得到解决，电池使用寿命得以延长。从负极移动过来的电子与正极的二氧化锰发生还原反应（见图 1-23），即将锰从+4 价还原为+3 价。

负极反应：$Zn+2NH_4Cl \rightarrow Zn(NH_3)_2Cl_2+2H^++2e^-$

正极反应：$MnO_2+H^++e^- \rightarrow MnOOH$

在正极反应过程中会产生氢气，但氢气会被二氧化锰迅速吸收并转化为水，从而避免了极化现象，这使得电池能够长时间使用。此外，在锌板上涂覆汞可减少氢气产生。这样，勒克朗谢电池相比之前的电池更加耐用。可惜的是，在使用过程中，氯化铵溶液会腐蚀容器，且电池携带不便、冬天会冻结而不能使用等问题依然未解决。

图 1-22　勒克朗谢电池的结构

图 1-23　勒克朗谢电池的反应结构

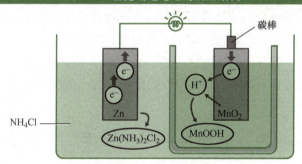

要点

🖊 在勒克朗谢电池的负极，锌溶解生成 $Zn(NH_3)_2Cl_2$，避免了因锌离子浓度过高而导致反应停止，延长了电池寿命。

🖊 在负极反应的中途，产生了导致极化的氢气但很快被二氧化锰吸收，实现了电池的长时间使用。

🖊 勒克朗谢电池在使用中存在氯化铵溶液会腐蚀容器，且电池携带不便、冬天会冻结而不能使用等问题。

不会泄漏液体的"干式"电池诞生

▶▶ 加斯纳干电池成为世界上首个获得专利的干电池

德国医生兼发明家卡尔·加斯纳通过将石墨粉末混合到电解液中，制成了一种不会泄漏的糊状物质，从而发明了即使横放也不会泄漏的干电池（见图1-24）。加斯纳的干电池于1888年在德国获得专利，因此被认为是世界上首个正式使用的干电池。同时，英国人赫勒森也在同一时期发明了干电池。

他们发明的电池基于勒克朗谢电池。具体做法是使用锌罐作为负极和容器，在其中将二氧化锰粉末和石墨粉末混合成糊状，加入碳粉以通电，并在中心插入作为正极的碳棒。

▶▶ 日本人发明的世界上首个干电池

实际上，在加斯纳和赫勒森之前，有一位日本实业家和发明家屋井先藏就发明了干电池。1885年，屋井先藏成立了屋井干电池合资公司，并发明了一种依靠电池精确运行的"连续电子钟"。当时他使用的电池存在电解液会从正极的碳棒小孔泄漏而导致腐蚀的问题。

经过努力，屋井先藏于1887年成功用石蜡封堵了这些小孔，解决了问题。于是，他发明了比加斯纳等人发明的电池性能更好的、被认为是世界上最早的干电池的"屋井干电池"（见图1-25）。然而，由于专利直到1893年才获得，所以它成为一个"幻影世界首例"。

屋井先藏的发明不仅展示了日本在电池技术方面的创新能力，也标志着日本在电池制造领域的崛起。他的工作为后来的电池技术发展奠定了基础，并对全球电池产业产生了深远影响。

图 1-24　加斯纳干电池与屋井干电池的结构

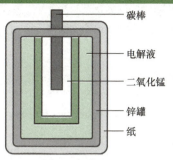

碳棒

电解液

二氧化锰

锌罐

纸

※加斯纳方法：将电解液与石墨混合固化，用纸制隔膜包裹碳棒。

※屋井方法：将电解液浸湿纸张，然后用石蜡包裹碳棒。

图 1-25　屋井干电池

东京理科大学：本校近代科学资料馆收藏的"屋井干电池"被"每日新闻"介绍。

要点

　　✎1888 年，德国人加斯纳发明的电池获得专利，被视为世界上首个正式使用的干电池。

　　✎1887 年，日本人屋井先藏发明比上述干电池性能更优的屋井干电池，但因获得专利较晚，成为所谓的"幻影世界首例"，其发明对全球电池产业影响深远。

来动手制作一个硬币电池堆吧

之前介绍的伏打电池堆（即伏打电堆，参见 1-5 节）是由铜板和锌板中间夹着浸透盐水的海绵状物质组合而成的。现在，我们可以尝试用日常生活中的物品来制作一个类似的电池堆。道具是用 10 日元硬币代替铜板，铝制的 1 日元硬币代替锌板，开启一场有趣的家庭实验之旅吧，顺便看看我们需要做哪些准备工作。

准备材料

- 7~10 个 10 日元硬币（尽量挑选闪闪发光的硬币，这样会让实验更有趣）
- 7~10 个 1 日元硬币
- 厨房纸巾
- 1 个实验用电子音乐盒
- 导线若干
- 盐水（氯化钠水溶液）

制作步骤

① 首先，在锅中倒入适量的水并烧开，接着加入足够多的盐，不断搅拌使其充分溶解，制作出浓盐水。待盐水冷却后，取出预先剪成与 10 日元硬币相同大小的厨房纸巾，将其完全浸入盐水中，然后轻轻拧动，直到纸巾不再滴水为止（注意不要拧得太干，要让纸巾保持湿润，这样才能确保电解质的良好传导）。

② 把浸有盐水的厨房纸巾小心地放在 10 日元硬币上，然后在纸巾上方叠上 1 日元硬币。像这样的 11 日元组合重复堆叠 7 个左右。然后，用导线将电子音乐盒的负极连接到 1 日元硬币上、正极连接到 10 日元硬币上，接着就可以检查电子音乐盒是否能发出声音了（这一步是不是很让人期待呢）。

③ 如果电子音乐盒没有发出声音，别灰心，这可能是因为电池堆产生的电压还不够。此时，我们可以尝试增加更多的 11 日元组合，也就是继续堆叠硬币，提高电池堆的电压，再次测试电子音乐盒，说不定就能听到美妙的音乐啦！

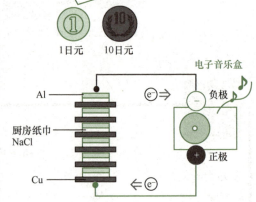

实验原理

这个有趣的实验背后蕴含着电池的基本原理。当我们把不同的金属（这里是铜和铝）与电解质（盐水）相结合时，就会发生化学反应，从而产生电流。电子音乐盒需要一定的电压才能正常工作，如果硬币电池堆产生的电压达不到要求，电子音乐盒自然就不会发出声音。通过增加硬币组合的数量，实际上是增加了电池堆中的反应单元数量，进而增加了总电压，这样就有可能使电子音乐盒获得足够的电压来发出声音，让我们直观地感受到电池发电的奇妙过程。

一次电池

~最广泛使用的一次电池~

电池的基本结构和工作原理

▶▶ 承担电子传递的物质

自伏打电池诞生以来，历经不断地改良与演进，如今各类化学电池均已实现实用化。它们的基本结构，无论是一次电池还是二次电池，皆由电极和电解质构成（见图 2-1）。

电极作为电池的关键组件，包含负极与正极这两个部分。通常情况下，电极物质需具备良好的导电性，以往常常采用离子化倾向不同的两种金属或金属氧化物（见图 2-2）。然而，在近些年开发的电池中，也出现了一些新的变化和尝试，如使用相同金属作为电极，或者运用非金属导体等情况，这些创新给电池技术的发展带来了更多的可能性和突破方向。

在电池的负极区域，负极自身或者其他相关物质会积极地向外部电路输送电子，这一过程也就是我们所说的氧化反应，而参与此过程的物质便被定义为负极活性物质；从正极的角度来看，正极自身或其他物质负责接收电子，这一过程属于还原反应，而这些参与接收电子的物质就是正极活性物质（见图 2-3）。由此可见，电极物质并不一定直接参与电池的化学反应。在一些电池中，还会配备集流体，集流体与电池的化学反应毫无瓜葛，它仅仅承担着收集电池反应过程中产生的电子的任务，其材质通常选用导电性极为出色的物质，以此确保电子能够高效地被收集和传导，从而保障电池整体的正常运行。

▶▶ 大多数化学电池中使用的重要媒介

电解质是指能够导电的液体或固体，大多数化学电池采用液体（电解液），但近年来，使用固体电解质的电池（如二次电池中的全固态电池等）也开始出现（参见 4-16 节）。

电解质的作用是在负极和正极之间传递电池氧化还原反应所需的离子，同时其不通过电子，具有绝缘性。因此，电子无法在电解质中从负极向正极移动，从而避免了可能引起的发热、起火等短路（内部短路）现象。

图 2-1　化学电池的基本要素

负极或者负极活性物质被氧化=失去电子

正极或者正极活性物质被还原=获得电子

图 2-2　伏打电池中参与氧化还原反应的物质

电极	负极	正极
电极物质	锌	铜
活性物质	锌	氢离子
氧化还原反应	锌被氧化	氢离子被还原
电子的传递	锌失去电子，供给	氢离子获得电子，接收
氧化剂，还原剂	锌是还原剂	氢离子是氧化剂

图 2-3　伏打电池中的氧化与还原

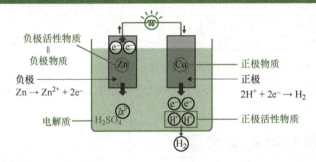

负极活性物质 = 负极物质

负极

$Zn \rightarrow Zn^{2+} + 2e^-$

电解质　H_2SO_4

正极物质

正极

$2H^+ + 2e^- \rightarrow H_2$

正极活性物质

要点

🖉化学电池由电极和电解质构成，部分电池还包含与电池的化学反应无关、用于收集电子的集流体。

🖉电解质可为导电液体或固体，其作用是在正负电极间传递离子。

🖉电解质是不通过电子的绝缘体，电解液这种特性可防止电子流动，避免了可能导致的发热或起火的短路（内部短路）情况。

第2章

第2章　一次电池

电池性能的参数指标

▶▶ 标准电极电位与额定电压

简单来说，离子化倾向（参见1-7节）是衡量金属在水溶液环境中，其原子失去电子而形成阳离子的难易程度或趋势强弱的一种特性描述。而标准电极电位，则是在特定的标准状态下（即压力为0.1MPa，温度为25℃），以水的电位作为参照基准，对金属离子化倾向这一特性进行精确量化所得到的数值结果。

电池电压（也称为电动势）是推动电路中电流流动的关键力量，其单位为伏特（V）。从本质上讲，电池电压的数值大小主要取决于负极活性物质和正极活性物质各自所具有的标准电极电位之间的差值（见图2-4）。这一差值直接决定了电池在电路中能够提供的电驱动力的大小，进而影响着电池的性能表现及其在各种应用场景中的适用性。

然而，实际上由于电池内部复杂的化学反应、浓度、温度、酸碱度等因素影响，这一差值会有所变动。因此，依据JIS⊖的规定，每种电池在正常使用状态下，电极间的电压都有一个标准值，这就是额定电压（见图2-5），且该额定电压必须标注在所有被使用的电池上。

▶▶ 电池容量与能量密度

电池的持久性是指其能使用的时长。电池容量，单位为安时（Ah），是指在1h内能够从电池中取出的电流量（见图2-6）。对于一次电池而言，电池容量会因使用电池的设备不同而有所变化，部分电池制造厂商会公布该数据，但通常不会在电池上标明。而二次电池的电池容量受电流大小影响较小，所以会标注在电池上。

在比较电池性能时，常常会用到能量密度，即单位体积或单位重量的电池的额定电压（V）与电池容量（Ah）的乘积。能量密度越高，意味着在更小的体积或重量下，电池能够提供更大的能量。

体积能量密度（单位:瓦时每升或 W·h/L）= V（电压）×Ah（电池容量）/ L（体积）

⊖　JIS 是 "Japanese Industrial Standards" 的缩写，意为 "日本工业标准"。——译者注

重量能量密度（单位：瓦时每千克或 W·h/kg）＝ V（电压）×Ah（电池容量）/kg（重量）

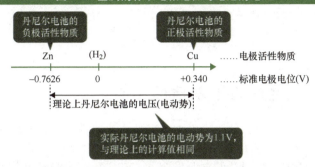

图 2-4　金属的标准电极电位与电池的电压

丹尼尔电池的负极活性物质　　　丹尼尔电池的正极活性物质

Zn　　（H₂）　　　　Cu　……电极活性物质

−0.7626　　0　　　+0.340　……标准电极电位(V)

理论上丹尼尔电池的电压(电动势)

实际丹尼尔电池的电动势为1.1V，与理论上的计算值相同

图 2-5　日本主流一次电池的额定电压

电池名称	额定电压/V
锌锰干电池	1.5
碱性锌锰干电池	1.5
锌空气电池	1.4
银锌电池	1.55

出处：作者以日本产业标准调查会"一次电池通则"为基础制作。

图 2-6　电压和电池容量的示意图

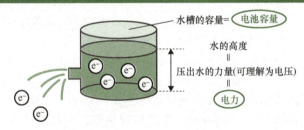

水槽的容量＝ 电池容量

水的高度
＝
压出水的力量(可理解为电压)
＝
电力

要点

🖋电池的电压（电动势）由负极活性物质和正极活性物质的标准电极电位之差决定，但受电池内部条件影响，额定电压有明确规定。

🖋电池容量表示电池使用时长，一次电池的电池容量因设备而异，二次电池的电池容量受电流影响小且会标注。

🖋能量密度分体积和重量两种，通过额定电压和电池容量计算得出，反映电池在不同维度的能量提供能力。

成为电池普及契机的干电池

▶▶ 锌锰干电池成为干电池的先驱

　　在电池的发展长河中，原始干电池占据着重要的地位，而锌锰干电池更是其中不得不重点提及的关键角色。曾经，锌锰干电池以其广泛的适用性和普及程度，成为人们生活中不可或缺的电源供应者。它实际上是对勒克朗谢电池进行改进和优化后的成果（参见 1-11 节）。回溯其发展历程，日本国内首个锌锰干电池由屋井先藏先生倾尽全力开发而成，他的这一创举为锌锰干电池在日本的发展奠定了坚实的基础。在屋井先藏先生逝世后，1931 年，其他公司纷纷踏上锌锰干电池的生产与改进之路，不断推动着锌锰干电池技术的进步与发展。然而，时光流转，到了 2008 年 3 月，锌锰干电池在日本国内的生产落下帷幕，结束了其在日本本土的生产历程。如今，在日本市场上流通的锌锰干电池均来自海外，它们承载着锌锰干电池的发展使命，继续为全球用户提供电力支持。

▶▶ 在所使用的金属上下功夫

　　锌锰干电池在技术演进过程中实现了一项极具突破性的创新举措，即巧妙地运用合成胶水将电解液转化为糊状形态，并促使其充分渗透到隔膜之中，这一创举在有效防范电解液泄漏问题上取得了前所未有的重大进展。锌锰干电池与它的前身勒克朗谢电池在结构和组成上存在诸多相似之处。在电极方面，其负极及负极活性物质选用的是金属锌，而正极活性物质则确定为二氧化锰，并且集流体采用的是碳棒（见图 2-7）。从电解液的发展历程来看，最初采用的是氯化铵溶液，后续出于多方面因素的考量，将其变更为氯化锌溶液。

　　聚焦于锌锰干电池的负极反应过程（见图 2-8），我们能够清晰地看到一系列精妙的化学变化。金属锌在氯化锌溶液的环境中逐渐溶解，在此过程中释放电子，这一典型的氧化反应会生成相应的沉淀 $ZnCl_2 \cdot 4Zn(OH)_2$。这一沉淀的生成意义非凡，它不仅巧妙地规避了由于水溶液中锌离子浓度持续上升而引发的化学反应停滞现象，同时还能够对电解液中的氯化锌溶液进行有效吸收，从而极大地增强了对电解液泄漏问题的防控能力。值得一提的是，锌锰干电池负极的锌呈现为罐状结构，这种独特的设计使其兼具电池容器的功能。此外，为了取代传统上所使用的汞（参见 1-10 节）来有效防止氢气的产生，特意在其中添加了铟元素。并且，为了进一步强化对泄漏问题的防范，在锌罐的外部还精心设置了金属外壳加以保护，全方位地保障了锌锰干电池在使用过程中的稳定性和安全性。

为了显著提升正极的导电性，特意在其中添加了碳粉。在电池工作过程中，二氧化锰作为正极活性物质发挥着关键作用，它会接收电子，其化合价从+4价逐步还原为+3价，与此同时，二氧化锰还会与氢离子发生结合反应。在此过程中，二氧化锰通过吸收氢离子，有效地发挥了防止极化现象产生及减少极板损耗的作用，也就是扮演着极为重要的还原剂角色。

负极反应：$4Zn+ZnCl_2+8H_2O \rightarrow ZnCl_2 \cdot 4Zn(OH)_2+8H^++8e^-$

正极反应：$MnO_2+H^++e^- \rightarrow MnOOH$

图 2-7　锌锰干电池的结构示意图

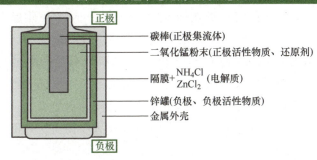

图 2-8　锌锰干电池的反应结构

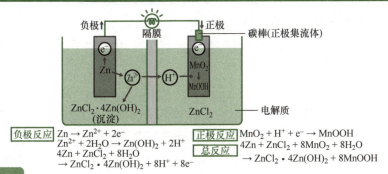

  🖊锌锰干电池利用合成胶水制成糊状电解液渗透隔膜，解决了电解液泄漏问题。

  🖊锌锰干电池的结构包括锌负极、二氧化锰正极、碳棒集流体，电解液为氯化锌溶液。

  🖊正极二氧化锰不仅参与反应，还作为还原剂吸收氢离子，防止极化和减少损耗。

功率强大且持久的电池

▶▶ 碱性锌锰干电池是什么

　　碱性锌锰干电池是目前最受欢迎的一次电池，自 1964 年起在日本国内开始生产，正如其名，它与锌锰干电池类似，负极活性物质为锌，正极活性物质为二氧化锰，额定电压同样是 1.5V。但碱性锌锰干电池的电池容量约为锌锰干电池的两倍，因而更持久耐用，适用于为剃须刀、手电筒等设备供电。其电解液使用导电性良好、反应速度快的强碱性氢氧化钾水溶液，这也是其名称的由来。电池内部结构为内包外结构，内侧为负极活性物质，外侧为正极活性物质（见图 2-9）。

▶▶ 锌粉提升电力

　　负极活性物质使用掺有还原剂的锌粉，呈凝胶状。这样增大了与渗透到隔膜中的电解液发生化学反应的接触面积，提高了反应效率，从而能够聚集更多电能。

　　在负极，锌在强碱中溶解，释放电子并发生氧化反应（见图 2-10）。由于负极活性物质的锌不作为电极，所以在负极插入了碳棒作为集流体。在隔膜外侧，装有正极活性物质的二氧化锰粉末和掺有碳粉等导电材料。

　　在正极，二氧化锰在接收电子的同时发生锰从+4 价到+3 价的还原反应，并与水发生反应。此外，耐强碱性电解液腐蚀的铁制全密封结构容器罐，也起到了正极集流体的作用。

　　化学方程式：$MnO_2 + H_2O + e^- \rightarrow MnOOH + OH^-$

图 2-9　碱性锌锰干电池的结构示意图

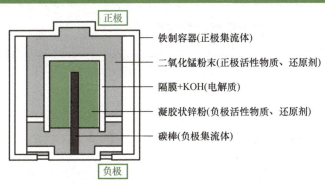

铁制容器(正极集流体)

二氧化锰粉末(正极活性物质、还原剂)

隔膜+KOH(电解质)

凝胶状锌粉(负极活性物质、还原剂)

碳棒(负极集流体)

图 2-10　碱性锌锰干电池的反应过程

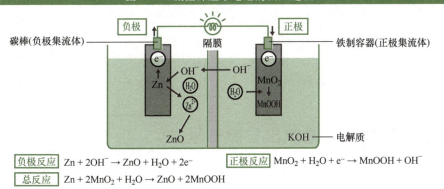

碳棒(负极集流体)

铁制容器(正极集流体)

负极反应 $Zn + 2OH^- \rightarrow ZnO + H_2O + 2e^-$　正极反应 $MnO_2 + H_2O + e^- \rightarrow MnOOH + OH^-$

总反应 $Zn + 2MnO_2 + H_2O \rightarrow ZnO + 2MnOOH$

要点

🖉 碱性锌锰干电池的结构与锌锰干电池相似，但性能更优，电池容量约为锌锰干电池的两倍，使用更持久。

🖉 碱性锌锰干电池的电解液为强碱性氢氧化钾水溶液，导电性好、反应快。

🖉 采用凝胶状锌粉作为负极并添加还原剂，配合合理结构设计，使电池能聚集更多电能。

棘手的自放电解决方案

▶▶ 棘手的自放电问题

电池若长时间不使用且未连接外部电路，活性物质与电解液之间，或者两极活性物质通过电解液仍会发生反应。随着时间的推移，电池可提取的电能会逐渐减少，这种现象称为自放电。

自放电由化学反应引起，在保存电池时，周围环境温度越高，自放电越容易发生。此外，由于不同电池保存时容易发生化学反应的材料不同，自放电倾向也存在差异。为防止电池自放电，依据 JIS 的规定，仅对一次电池规定了放电持续时间，即"推荐使用期限"，并要求标注在电池底部或侧面及包装上（见图 2-11）。

▶▶ 对高性能电池做出贡献的汞

在锌锰干电池和碱性锌锰干电池（以下简称干电池）的负极活性物质中使用的锌，因其离子化倾向大，易溶于电解液（参见 1-7 节），这意味着它容易与其他金属物质发生化学反应，从而容易发生自放电。然而，如果干电池发生自放电，产生的氢气会使电池膨胀，导致漏液。

因此，在 1990 年之前的干电池中，必定含有汞。将干电池中的锌与汞制成合金（汞合金），可阻止离子化（腐蚀），从而抑制自放电引发的氢气产生。这是利用了汞产生氢气的电压（氢过电压）较高，使得氢气反应极为缓慢的特性。此外，合金化还使电流更容易流动，汞对干电池的高性能化至关重要。因此，除干电池外，银锌电池和碱性纽扣电池中也含有微量的汞（见图 2-12）。

图 2-11　干电池的推荐使用期限

电池种类		寿命/年
碱性锌锰干电池	单1形、单2形、单3形、单4形	10
	单5形、9V形	2
碱性纽扣电池		2(部分4年)
银锌电池		2
空气电池		
硬币形锂电池		5
圆柱形(相机用)锂电池		

图 2-12　汞的用途

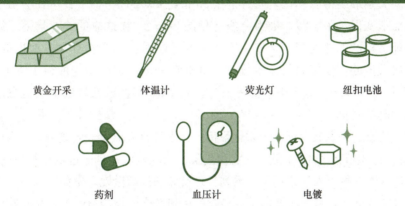

黄金开采　　　体温计　　　荧光灯　　　纽扣电池

药剂　　　血压计　　　电镀

要点

✎ 自放电是指即使不与外部连接，电池内部的活性物质和电解液之间，或者两极的活性物质通过电解液发生反应，导致电能减少的现象。

✎ 为了防止自放电影响设备使用，一次电池按照 JIS 的规定标注"推荐使用期限"。

✎ 锌与汞形成的汞合金可抑制干电池自放电，曾对干电池高性能化起重要作用，部分其他电池也含有微量汞。

实现无汞化的道路

▶▶ 从公害问题到实现无汞化（Zero）

随着时间的推移与科学研究的不断深入，汞与水俣病这一严重公害病之间确凿的因果关系最终得以确认。尤其是在 20 世纪 80 年代，整个日本社会对电池无汞化的需求变得刻不容缓、极为强烈（见图 2-13）。在这样的大背景下，研发既能够保证不降低电池性能、又完全不含汞的干电池工作全面且大力地推进开来。经过科研人员的不懈努力与技术攻坚，日本在全球范围内率先取得了重大突破，于 1991 年成功实现锌锰干电池的无汞化，到 1992 年，碱性锌锰干电池也达成了这一了不起的目标。

为了达成这一意义深远的无汞化目标，众多科研人员投入大量精力深入研究各类金属材料。他们全力探寻那些可以替代汞、毒性较低并且氢过电压较高的金属。在研发过程中，科研人员采用了一系列行之有效的创新措施。例如，选用含有少量铟等成分的合金，这种合金在电池反应过程中能够有效抑制氢气的产生；在电解液中巧妙地添加腐蚀抑制剂，通过化学作用进一步减少氢气生成的可能性；同时，采用高纯度材料进行电池生产，尽可能地减少那些容易产生氢气的杂质。通过这些多管齐下、精心设计的技术手段，最终成功地实现了电池的无汞化（Zero）。到了 1995 年，日本国内汞电池（参见 2-8 节）的生产彻底停止。时至今日，银锌电池、碱性纽扣电池等也都已经顺利实现无汞化（Zero），这无疑是电池技术发展历程中的一座重要里程碑，为环境保护及人类健康提供了更为坚实的保障（见图 2-14）。

▶▶ 碱性锌锰干电池实现无汞化的艰难过程

曾经在市场上逐步取代锌锰干电池而占据重要地位的碱性锌锰干电池，在向着无汞化（Zero）迈进的艰难征程中，遭遇了比锌锰干电池更为棘手的重重困难。其中极为关键的一个因素便是与正极活性物质密切相关。用于碱性锌锰干电池正极活性物质的二氧化锰，其内部所含的杂质成为一大隐患。由于碱性锌锰干电池的电解液具有很强的碱性特质，在这种特殊的化学环境下，二氧化锰中的杂质会持续不断地溶解进入电解液之中，从而引发一系列不良反应。其中最为突出的便是氢气的产生，而氢气的大量产生则直接导致了电池漏液问题的频繁发生。

不仅如此，这些杂质还会与负极活性物质锌粉发生接触反应。在接触过程中，会在锌粉表面形成固体物质，这种固体物质的存在犹如一颗隐藏的"定时炸弹"，极有可能使得正极和负极之间直接导通，进而引发极为危险的短路现象，也就是所谓的内部短路。面对如此复杂严峻的技术挑战，科研人员经过深入研究与反复试验，最终决定采用高纯度的电解二氧化锰。这一举措犹如一把关键的钥匙，成功地解开了碱性锌锰干电池无汞化（Zero）进程中的难题。

图 2-13　全球范围内的汞污染循环示意图

图 2-14　各种电池的无汞化（Zero）标识

 标有"不含汞(Zero)"的电池意味着电池中没有故意添加汞。

要点

🖊 干电池通过使用含少量低毒、氢过电压较高的金属（如铟）的合金等手段实现无汞化（Zero）。

🖊 碱性锌锰干电池为解决正极二氧化锰杂质问题，采用高纯度电解二氧化锰，提升了性能。

干电池中 99% 的故障出于安全原因发生

▶▶ 仍在持续的漏液问题

在电池技术持续发展演进的过程中，理论上而言，诸多技术上的革新与进步理应妥善解决长期困扰电池行业的漏液问题。然而，现实情况却不容乐观，据相关报道，在当下的一次电池故障类型里，竟然仍有高达 99% 的故障是由漏液问题所引发（详情可参考图 2-15）。在各类一次电池中，碱性锌锰干电池相较于其他种类的电池，更容易出现漏液现象，而其他电池则基本不会发生此类问题。碱性锌锰干电池漏出的液体主要为氢氧化钠或氢氧化钾，这些强碱性液体具有较强的腐蚀性，不仅会对电池端子造成严重腐蚀，还会对电池所在设备的内部结构与零部件产生腐蚀破坏作用，倘若不慎接触到人体，也会带来一定的危险与伤害。基于此，碱性锌锰干电池采用了特制的铁制容器全密封结构（可对比 2-4 节），通过这种结构设计，在正常使用条件下，碱性锌锰干电池理论上不应出现漏液情况，从而在一定程度上保障了电池使用的安全性与稳定性。

▶▶ 故障的真正原因是什么

然而，若碱性锌锰干电池使用不当，可能导致电池内部产生氢气和发热，有破裂风险。以下是一些可能的原因：

• 长时间不使用而放置在设备上（过放电）。
• 将旧电池和新电池一起使用（过放电）。
• 将正极和负极反向连接。
• 使用不同品牌（公司名、品牌名都不同）或不同类型的电池，或混用不同尺寸的电池。

为应对电池内压上升的情况，垫圈部分被设计成可裂开的，形成孔洞（见图 2-16）以排出氢气，碱性纽扣电池也采用相同的结构。但氢气排出时，电解液也会随之漏出。所以说，目前一直存在的漏液问题，从本质上看是为防止因错误使用而引发破裂事故产生的一种现象，是在保障电池安全方面权衡利弊后的结果。

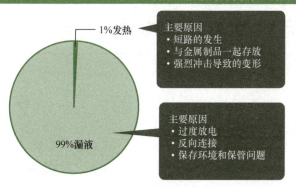

图 2-15　日本在 2020 年度一次电池按故障分类的比例图

1%发热

主要原因
· 短路的发生
· 与金属制品一起存放
· 强烈冲击导致的变形

99%漏液

主要原因
· 过度放电
· 反向连接
· 保存环境和保管问题

出处：日本一般社团法人电池工业会"什么样的问题最常见？"。

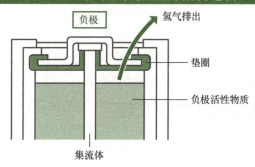

图 2-16　碱性锌锰干电池垫圈结构示意图

负极

氢气排出

垫圈

负极活性物质

集流体

要 点

✎碱性锌锰干电池和碱性纽扣电池因强碱性电解液腐蚀性强且危险，采用防止漏液的全密封结构。

✎干电池采用在垫圈上开孔的结构，以便能够将因误使用导致内压上升时产生的气体排出到外部。

✎现今报告的漏液故障多因电池误使用引起，而非技术问题。

第2章

因公害问题而消失的电池

▶▶ 性能卓越的锌汞电池

锌汞电池于 1955 年在日本开始生产，其在日本生产时间早于碱性锌锰干电池。锌汞电池具有放电电压长时间稳定、电池容量约为碱性干电池 2.5 倍、持久性好的特点。特别是纽扣锌汞电池，常用于助听器，也用于相机和手表中（见图 2-17）。

然而，到 20 世纪 80 年代，废弃电池中汞的危险性引发关注，最终于 1995 年在日本停止生产。因此，助听器改用锌空气电池等替代，手表和部分日本国外制造的照相机则使用银锌电池（参见 2-9 节）替代。但锌汞电池的额定电压为 1.35V，目前市场上不存在具有相同额定电压的电池。日本如需使用锌汞电池，目前仍依赖进口或使用带电压转换功能的适配器。

▶▶ 锌汞电池的良好工作表现

锌汞电池之所以能够展现出良好的工作表现，与其独特的结构设计和精妙的化学反应机制密切相关。其结构可视为在碱性锌锰干电池的基础上进行了创新性的改进，即采用氧化汞替代了碱性锌锰干电池中的二氧化锰（见图 2-18）。在众多应用场景中，纽扣锌汞电池较为常见，这种电池的负极活性物质是由锌粉和汞精心混合而成的合金，这种合金组合既保证了负极能够有效地参与电化学反应，又借助汞的特性优化了整体性能，正极活性物质则为氧化汞，电解液选用氢氧化钾水溶液，三者共同构建了一个稳定且高效的电化学体系。

在电池的正极反应过程中，氧化汞发生还原反应，这一过程在常温条件下会产生一个独特的现象：氧化汞被还原后转变为液态金属汞。这些液态金属汞会从电极表面游离出来，如同灵动的电流使者，有效地促进了电流在电池内部的顺畅流动。这种独特的反应机制使得汞电池在放电过程中，电极的劣化程度极小，能够长时间保持良好的工作状态。此外，氧化汞还肩负着另一项重要使命，它能够像一位尽职的守护者，积极吸收氢离子，从而有效地防止极化现象的产生，并减少极板的损耗，进一步保障了电池的稳定运行和长寿命特性。

负极反应：$Zn+2OH^- \rightarrow ZnO+H_2O+2e^-$

正极反应：$HgO+H_2O+2e^-\rightarrow Hg+2OH^-$

总反应：$\quad HgO+Zn\rightarrow Hg+ZnO$

图 2-17　锌汞电池的特点

锌汞电池的特点
- 放电时间长时间恒定
- 没有自放电，寿命长
- 额定电压为1.35V
- 用于助听器和照相机

图 2-18　锌汞电池结构示意图

纽扣形

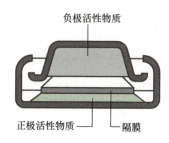

负极活性物质

正极活性物质　　隔膜

圆柱形

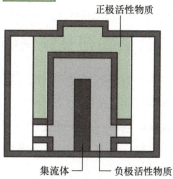

正极活性物质

集流体　　负极活性物质

要点

🖊 锌汞电池的放电电压稳定、电池容量大、持久性好，纽扣锌汞电池常用于助听器等。

🖊 锌汞电池的结构是用氧化汞替换碱性锌锰干电池中的二氧化锰。

🖊 正极氧化汞还原为液态汞有助于电流流动，减少电极劣化，还起还原剂作用。

在手表中深受欢迎的小型电池

▶▶ 曾经在精密设备中使用的银锌电池

自 1976 年在日本国内开始生产以来，纽扣银锌电池广泛用于手表、计算器、便携式电子游戏机等。然而，由于 1979 年银价上涨导致的成本上升和电池容量不足等问题，扣式银锌电池被碱性纽扣电池或硬币形锂一次电池取代。此外，计算器也开始采用太阳能电池（参见 6-1 节）。

▶▶ 为何仍在部分领域继续使用

尽管银锌电池人气大幅下降，但至今仍在模拟手表等领域使用。银锌电池放电时能基本保持额定电压 1.55V，直到电量快耗尽时电压才急剧下降。此外，银锌电池还具有自放电少、可长期使用，以及工作温度范围广（−10~60℃）等优点，非常适用于对精确度要求高的手表和体温计等（见图 2-19）。

▶▶ 银锌电池的结构

银锌电池以锌粉作为负极活性物质，这是其发生氧化反应的关键所在，而正极活性物质则为氧化银（见图 2-20）。在电解液的选择上，针对不同类型的设备有着不同的考量。对于大电流设备，如多功能数字手表，会采用氢氧化钾水溶液作为电解液，以满足其较大电流输出的需求；而对于微量电力设备，如模拟手表，则选用漏液较少的氢氧化钠水溶液作为电解液，从而在保障电力供应的同时，最大程度降低漏液风险。

在负极，锌发生氧化反应，释放电子。值得一提的是，过去负极常使用锌汞合金，但自 2005 年起，日本制造商积极推动技术革新，成功实现了无汞化（参见 2-6 节），这不仅降低了环境风险，也体现了电池技术在环保方面的进步。在正极，氧化银发生还原反应并析出银，由于银本身具有良好的导电性，使得电池在工作过程中不会出现明显的电压下降现象。

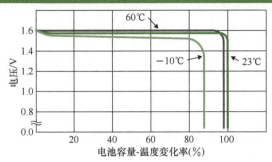

图 2-19　银锌电池的放电曲线

出处：日本村田制作所《银锌电池》。

图 2-20　银锌电池结构示意图

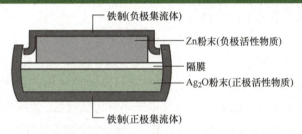

铁制(负极集流体)

Zn粉末(负极活性物质)

隔膜

Ag_2O粉末(正极活性物质)

铁制(正极集流体)

负极反应 $Zn + 2OH^- \rightarrow ZnO + H_2O + 2e^-$

正极反应 $Ag_2O + H_2O + 2e^- \rightarrow 2Ag + 2OH^-$

总反应 $Ag_2O + Zn \rightarrow 2Ag + ZnO$

要点

✐ 银锌电池曾广泛用于小型设备，后因银价上涨导致成本高以及电池容量小等问题被部分取代。

✐ 银锌电池的优点是保持放电电压稳定、自放电少、温度范围宽（可达 −10~60℃），适用于高精度设备。

✐ 银锌电池的负极进行锌的氧化反应，正极进行氧化银的还原反应。银锌电池放电结束后，正极侧析出大量的银。

长期使用在助听器中的电池

▶▶ 一次电池中最高能量密度的电池

在化学电池的发展历程中，以往的活性物质大多为金属材质。然而，随着研究的深入与思路的拓展，人们逐渐认识到，只要物质具备进行电子交换的能力，非金属同样可以担当活性物质这一关键角色。基于这一具有开创性的新思路，锌空气电池（也称为空气电池）应运而生。

锌空气电池的发展历史颇为悠久，可追溯至第一次世界大战期间。由于当时法国所使用的勒克朗谢电池中，二氧化锰属于稀有金属，资源匮乏限制了电池的大规模生产与应用。在这种背景下，1917年，由法国的查理·费里经过不懈探索与研究，发明了锌空气电池，并将其用于军事通信设备，为战时的通信保障提供了有力支持。进入20世纪20年代，锌空气电池开始实现量产，逐步走向更广泛的应用领域。时至今日，它主要在助听器的纽扣电池领域发挥着重要作用。

纽扣锌空气电池于20世纪70年代后期在美国市场首次亮相，随后在1986年，日本也开启了其生产进程。这种电池具有诸多显著优势，在放电末期仍能够稳定地保持额定电压1.4V（见图2-21），这一特性使得其在电力供应的稳定性方面表现出色。而且，在一次电池的范畴内，锌空气电池的能量密度堪称最高，根据不同类型的助听器使用情况统计，其续航时间可达100～300h，为助听器用户提供了较为持久的电力保障，极大提升了助听器的使用便利性与可靠性。

▶▶ 从空气中引入正极活性物质

纽扣锌空气电池有着独特的结构设计，其负极与负极活性物质采用锌粉，为电池反应提供电子来源。正极则较为特殊，是涂有二氧化锰等催化剂的活性炭，正极活性物质并非传统固态物质，而是取自空气中的氧气（见图2-22）。电解液选用氢氧化钾或氢氧化钠水溶液，为电池内部的离子传导构建了通路。

在实际使用过程中，当揭开电极气孔密封盖大约1min后，电池便开始放电。且一旦揭开密封盖，放电过程就无法停止。在负极发生的反应与碱性锌锰干电池和银锌电池相同，即锌发生氧化反应，释放电子并产生相应的化学反应产物。而在正极，空气中的氧气参与反应，发生还原反应，从而完成整个电池的电化学循环。

由于电池内部无需像其他电池那样专门储存正极活性物质，这就为锌的储存腾出了更多的空间，使得电池能够储存更多的锌。这种独特的设计优势直接反映在电池的电池容量上，其电池容量相比银锌电池更大，能够为设备提供更持久的电力支持。

然而，锌空气电池并非十全十美，它也存在一些明显的缺点，例如，空气中的二氧化碳容易与电解液发生反应，导致电解液劣化，进而影响电池的性能与使用寿命。此外，当环境温度低于5℃时，电池的性能会显著下降，在低温环境下的电力输出和续航能力大打折扣，这也在一定程度上限制了其在一些特殊环境或低温场景中的应用。

图 2-21　锌空气电池的放电特性

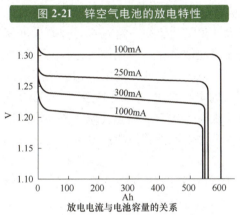

放电电流与电池容量的关系

图 2-22　锌空气电池结构示意图

负极反应　$Zn + 2OH^- \rightarrow ZnO + H_2O + 2e^-$

正极反应　$O_2 + 2H_2O + 4e^- \rightarrow 4OH^-$

总反应　$2Zn + O_2 \rightarrow 2ZnO$

出处：日本一般社团法人电池工业会"电池的历史2 一次电池"。

要点

✏️ 锌空气电池从军事用途发展到主要用于助听器的纽扣电池，性能优异。

✏️ 锌空气电池即使持续放电也能稳定保持额定电压，在一次电池中能量密度最高，但其缺点是对二氧化碳和低温敏感。

✏️ 负极锌被氧化，正极氧气被还原，电池因无需储存正极活性物质而电池容量大。

一次电池之王

▶▶ 离子化倾向最大的独特金属

自 1800 年伏打电池诞生以来，在漫长的电池发展历程中，锌长期占据着负极活性物质的主导地位。直至 20 世纪后半期，一种全新的元素——锂，开始在电池领域崭露头角，由此出现了一系列以锂为关键元素的电池，这类电池被统称为锂电池。

锂在众多金属中独具特性，它具有最大的离子化倾向，这意味着锂原子极易失去电子发生氧化反应。在与其他金属构建电池体系时，锂凭借其超强的释放电子能力，总是无可争议地充当负极活性物质。也正因如此，锂电池相较于之前的传统电池，能够输出更高的电压及具备更大的电容量（具体可参照图 2-23）。不仅如此，锂还是自然界中最轻的金属，其比重仅为 0.53，甚至比水还要轻，这种低密度特性结合其良好的电化学性能，赋予了锂电池极高的能量密度，为开发小型轻量化电池提供了得天独厚的条件（见图 2-24）。此外，锂电池还有一个极为显著的优点，即其自放电现象极其微弱，能够在长时间存储过程中保持电量稳定，非常适宜于长期保存，这使得锂电池在一些对电池存储寿命有较高要求的应用场景中具备了独特的优势。

然而，锂的化学性质极为活泼，它遇水会发生极为剧烈的反应，甚至可能引发起火危险，所以锂只能在特定的有机溶剂环境中使用。幸运的是，这种有机溶剂在低温环境下不会冻结，从而大大拓宽了锂电池的使用温度范围，使其能够在各种恶劣环境条件下正常工作。在锂电池的家族中，直接使用金属锂作为负极活性物质的电池被称为锂一次电池（见图 2-25）。而锂离子电池（将在第 4 章详细介绍）则是利用锂离子来实现充放电过程，它是智能手机、笔记本电脑等众多现代电子设备中常用的二次电池，其工作原理和特性与锂一次电池有着明显的区别。

▶▶ 锂一次电池的历史

锂一次电池于 20 世纪 50 年代在美国开启了研发之旅，最初主要应用于军事领域及航天事业，如人造卫星的运行和火箭的发射等关键任务中，都有锂一次电池活跃的身影。它凭借出色的性能，为这些高精尖的军事与航天设备提供了稳定可靠的电力保障，助力美国在当时的军事航天技术竞争中占据有利地位。

日本在 1973 年也踏上了锂一次电池的生产之路。由于锂一次电池具有可长时间放置而电量损耗极小的显著特性，使其在民用领域找到了广阔的用武之地。它被广泛应用于燃气表、水表等计量设备中，确保了这些设备在长时间运行过程中数据记录的准确性与稳定性；在火灾报警器领域，锂一次电池犹如一位忠诚的守护者，时刻保持警觉，为人们的生命财产安全保驾护航；在笔记本电脑和数码相机等电子设备中，它也成为理想的电源选择，为设备的便携性和长时间使用性提供了有力支撑。尤其是在纽扣电池市场，锂一次电池的需求呈现出迅猛的扩张态势，它以卓越的性能基本取代了数字手表中原有的其他类型电池，成为数字手表电源的主流之选。

图 2-23　锂一次电池的额定电压

电池名称	正极材料	额定电压/V
锂二氧化锰电池	二氧化锰	3.0
氟化石墨锂电池	氟化石墨	3.0
锂亚硫酰氯电池	亚硫酰氯	3.6
锂碘电池	碘	3.0
锂硫化铁电池	硫化铁	1.5
锂氧化铜电池	氧化铜	1.5

来源：作者根据日本产业标准调查会"一次电池通则"为基础制作。

图 2-24　锂一次电池的能量密度比较

电池种类	能量密度/(W·h/kg)
锂二氧化锰电池	230
氟化石墨锂电池	250
锂亚硫酰氯电池	590
锂碘电池	245
锂硫化铁电池	260

图 2-25　锂一次电池的种类

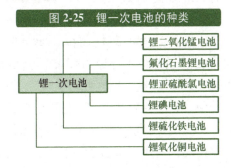

出处：福田京平《电池的一切都一目了然》（日本技术评论社，2013 年）第 91 页。

要点

　　🖋锂一次电池以金属锂为负极活性物质，与锂离子电池不同，后者用于智能手机等。

　　🖋锂因离子化倾向大、重量轻，使锂一次电池具备高电压、大能量密度和不自放电等优点，适用范围广。

　　🖋锂一次电池有较长的发展历史，在多个领域广泛应用，尤其在小型设备中取代了其他类型电池。

在家用设备供电中大显身手的电池

▶▶ 代表性的锂一次电池

在众多锂一次电池类型中，于 1978 年成功问世的锰酸锂电池脱颖而出，成为最为常用的一种。其结构组成独具特色，负极与负极活性物质毫无争议地采用锂，锂凭借自身优越的化学性质，在电池反应过程中扮演着极为关键的角色。正极活性物质则精心选用了不含杂质的电解二氧化锰，这种高纯度的材料为电池的高效稳定运行奠定了坚实基础。正极集流体为铝棒，铝棒良好的导电性有效地促进了电子在正极的传输与收集。电解液方面，包含四氟硼酸锂等有机溶剂液，这些有机溶剂液共同构建了一个适宜锂发生反应的化学环境。

在电池放电过程中，负极的锂会溶于电解液，在此期间发生氧化反应，释放电子，为整个电路提供电能。与此同时，在正极部位，锰元素发生了化合价的变化，从 +4 价巧妙地还原为 +3 价。锰酸锂电池具备一项令人瞩目的特性，其额定电压高达 3V，这一特性使得它在众多电池产品中独树一帜。并且，在整个放电过程中，它能够始终如一地保持电压稳定，直至放电末期都不会出现明显的电压波动，为设备提供了持续可靠的电力供应。不仅如此，锰酸锂电池还拥有出色的存储性能，即便在室温条件下，它也可以保存约 10 年之久，电量损耗极小，这使得它在一些对电池存储时间有较高要求的特殊应用场景中，展现出了无可比拟的优势，成为众多长期供电设备的理想选择。

负极反应：$Li \rightarrow Li^+ + e^-$

正极反应：$MnO_2 + Li^+ + e^- \rightarrow MnOOLi$

▶▶ 以各种形状大展身手

锰酸锂电池在形状设计上呈现出多样化的特点，主要有硬币形和圆柱形这两种典型形状，以满足不同应用场景的需求。硬币形的锰酸锂电池具备多种型号规格，在市场上具有很强的适应性。自银锌电池价格出现上涨趋势后，硬币形锰酸锂电池凭借其自身的优势迅速崭露头角，作为一种极为优秀的替代品而备受各方关注。它在现代电子设备领域找到了广泛的用武之地，如今已被大量应用于笔记本电脑、电子词典及数码相机等设备中。

圆柱形锰酸锂电池又可进一步细分为内包外结构和螺旋结构这两种不同类型。其中，内包外结构与我们所熟知的碱性锌锰干电池在构造上有相似之处，其显著特征是正极物质将负极物质包裹其中（见图 2-26）。这种独特的结构设计使得电池内部能够容纳更多的活性物质，从而赋予了电池较大的电容量，能够支持设备长时间持续工作。基于此特性，内包外结构的圆柱形锰酸锂电池主要应用于燃气表、火灾报警器、测量仪及 ETC 等对电池续航能力有较高要求的设备。

螺旋结构的圆柱形锰酸锂电池则是由薄型片状的正负极材料组成，在正负极之间夹着隔膜，然后将其卷成螺旋状（见图 2-27）。这种螺旋结构巧妙地增大了电极之间的接触面积，使得电池在工作过程中能够产生较大的电流。正因如此，螺旋结构的锰酸锂电池主要被应用于那些需要大电流支持的设备，如数码相机等。

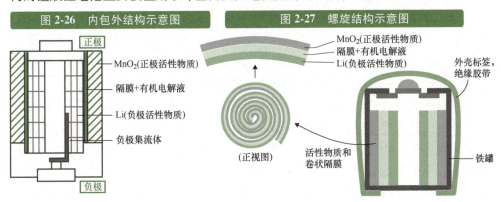

图 2-26　内包外结构示意图

正极

MnO₂(正极活性物质)

隔膜+有机电解液

Li(负极活性物质)

负极集流体

负极

图 2-27　螺旋结构示意图

MnO₂(正极活性物质)

隔膜+有机电解液

Li(负极活性物质)

外壳标签、绝缘胶带

(正视图)

活性物质和卷状隔膜

铁罐

要点

🖊 锰酸锂电池是常用的锂一次电池，广泛用于多种设备。

🖊 其形状有硬币形和圆柱形，圆柱形包括内包外结构和螺旋结构。

🖊 内包外结构适合长时间使用，螺旋结构用于大电流设备。

第 2 章

具有高耐热性和可使用 10 年以上的电池

▶▶ 具有高耐热性的电池

氟化石墨锂电池在 1976 年便已成功上市,其诞生时间相较于锰酸锂电池还要稍早一些。这两款电池在诸多方面存在相似之处,倘若两者的尺寸相同,那么它们几乎能够实现互换使用,极大地方便了不同应用场景下的电池选型与替换。氟化石墨锂电池的额定电压同样为 3V,并且在放电末期能够保持电压恒定,这一特性为设备提供了稳定可靠的电力输出保障。在外形设计上,它也有硬币形和圆柱形这两种形状,其中圆柱形的结构与锰酸锂电池中的内包外结构和螺旋结构极为相似,都在各自的应用领域中凭借独特的结构优势发挥着重要作用。

在锂一次电池的众多品类之中,氟化石墨锂电池以其卓越的高耐热性而独树一帜。一般的锂一次电池其使用温度范围通常在 $-40\sim60℃$,而氟化石墨锂电池却表现出了非凡的耐高温性能,部分氟化石墨锂电池甚至能够耐受高达 $125℃$ 的高温(见图 2-28)。这种出色的高耐热特性使得它在一些特殊环境下,尤其是在汽车配件等对温度要求较为苛刻的领域中得到了广泛应用。

▶▶ 连续使用 10 年,也几乎不会劣化

氟化石墨锂电池具有独特的结构组成。在其结构体系里,负极活性物质明确为锂,锂在电池反应进程中扮演着极为关键的角色,是电子供应的重要源头。正极活性物质则是氟化石墨,它与负极的锂相互作用,共同构建起电池的电化学循环。电解液方面,包含有以四氟硼酸锂为关键成分的有机溶剂(见图 2-29)。

在电池工作时,负极发生锂的氧化反应,锂原子失去电子,转变为锂离子进入电解液,从而开启了电子转移的进程。与此同时,正极则进行着氟化石墨转化为氟化锂同时产生碳的反应。

负极反应:$Li \rightarrow Li^+ + e^-$

正极反应:$Li^+ + e^- + CF_n \rightarrow CF_{n-1} + LiF + C$

由于正极反应所产生的碳具备卓越的导电性,这一特性为氟化石墨锂电池带来了显著的优势。在持续放电过程中,电池能够始终维持稳定的电压输出,从而

为各类设备提供可靠而持续的电力保障，有效避免了因电压波动可能导致的设备运行不稳定或故障等问题。

不仅如此，氟化石墨锂电池还拥有极小的自放电率。即便经过长达 10 年的使用周期，其电压依然能够保持稳定，电池内部的各项性能指标几乎不会出现明显的劣化现象。这种出色的长期稳定性使得它在众多对电源稳定性和耐久性要求极高的特殊应用场景中脱颖而出，例如，被用于 IC 存储器的备用电源、10 年免维护燃气自动切断表等仪表的电源。

图 2-28　耐高温性氟化石墨锂电池的放电特性

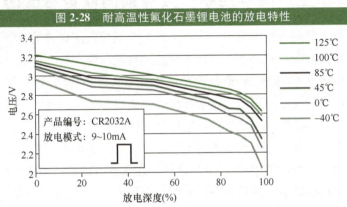

出处：松下能源"耐高温硬币形锂电池的介绍"。

图 2-29　硬币形氟化石墨锂电池结构示意图

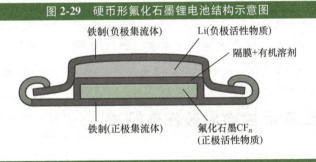

要点

　　倘若氟化石墨锂电池和锰酸锂电池的尺寸相同，那么它们能够实现互换使用。

　　氟化石墨锂电池具有高耐热性，有些型号甚至可以在高达 125℃的环境中使用，因此被用于汽车配件等领域。

　　氟化石墨锂电池的自放电率低，由于电池反应中会产生导电的碳物质，即使持续放电，电压也能保持稳定，即使经过 10 年也不会有太大的劣化。

日本 No.1！高电压、长寿命的电池

▶▶ 在日本生产的电池中，具有最高能量密度的电池

在日本所生产的各类电池中，锂亚硫酰氯电池凭借其卓越的性能表现，在能量密度方面独占鳌头。它具备一项极为突出的特性，即在整个放电过程中，能够基本将额定电压 3.6V 稳定地维持至放电末期（见图 2-30），这种稳定的电压输出为众多对电压精度要求苛刻的设备提供了坚实可靠的电力保障。同时，该电池的自放电现象极其稀少，无论是在放电过程中还是长时间的储存阶段，其电压下降的幅度都微乎其微，几乎可以忽略不计。这一特性使得锂亚硫酰氯电池拥有超长的使用寿命，可稳定使用超过 10 年之久，在众多电池产品中脱颖而出。

此外，锂亚硫酰氯电池还具有广泛的适用温度范围（$-55\sim85℃$），这使其能够适应各种复杂多变的环境条件。在外形设计上，它呈现出多样化的特点，涵盖了硬币形、圆柱形和扁平形等多种形状，以满足不同设备的安装与使用需求。基于以上诸多优势，锂亚硫酰氯电池在众多领域得到了广泛应用，如 IC 存储器和电子设备的备用电源、火灾报警器、水表、燃气表等，由于其具备极高的可靠性，锂亚硫酰氯电池还被广泛应用于医疗、零售、航空、海洋等对电源质量和稳定性要求极高的特殊领域。

▶▶ 液体正极活性物质兼作电解质

锂亚硫酰氯电池在结构设计上独具匠心。其负极活性物质选用锂，锂在整个电池体系中作为电子供应的关键角色，参与氧化反应释放电子。而正极活性物质则是在常温下呈现液态的氯化硫（$SOCl_2$）（见图 2-31），这种物质不仅承担着正极活性物质的角色，还兼作电解质，它能够溶解四氟硼酸锂从而形成电解质溶液，并且该电池体系无需额外使用有机溶剂，这在一定程度上简化了电池结构并降低了成本。不过，由于氯化硫在空气中具有易分解的特性，为确保电池性能与安全性，其电池结构采用全密封设计，有效隔绝了空气对氯化硫的影响，防止因氯化硫分解而导致电池失效或出现其他安全问题。

在电池工作过程中，负极发生锂的氧化反应，锂原子失去电子转化为锂离子

进入电解质溶液。正极则进行氯化硫与锂的反应，二者反应后生成氯化锂、硫和二氧化硫等产物。

负极反应：$Li \rightarrow Li^+ + e^-$

正极反应：$2SOCl_2 + 4Li^+ + 4e^- \rightarrow 4LiCl + S + SO_2$

值得注意的是，在电解质中，氯化硫与负极锂直接接触看似会引发短路现象，但实际上锂表面会自发地形成一层固体氯化锂被膜。这层被膜犹如一道天然屏障，起到了隔膜的作用，有效阻止了电子的无序传输，从而防止了自放电现象的发生，保障了电池的存储性能和使用安全性。在早期，因这层被膜的存在，电池在放电开始时会出现电压暂降的问题，不过，经过科研人员的不懈努力，这一技术难题现已得到妥善解决，进一步提升了锂亚硫酰氯电池的整体性能，使其能够更加稳定、高效地应用于众多领域。

图 2-30　锂亚硫酰氯电池的放电特性

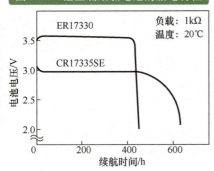

出处：日本一般社团法人电池工业会"月刊杂志《电池》2008 年 3 月 1 日刊"。

※ ER17330 指的是锂亚硫酰氯电池，CR17335SE指的是锰酸锂电池。

图 2-31　锂亚硫酰氯电池结构示意图

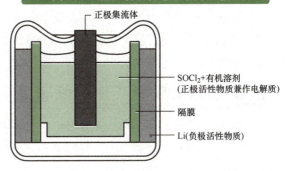

总反应　$2SOCl_2 + 4Li \rightarrow 4LiCl + S + SO_2$

要点

✎ 锂亚硫酰氯电池的额定电压高且稳定、自放电少、寿命长、温度范围广、可靠性高。

✎ 正极液态氯化硫兼作电解质，不使用有机溶剂，电池全密封。

✎ 在负极活性物质锂的表面生成的固体氯化锂形成的膜发挥了隔膜的作用，有效地防止了自放电。

在人工心脏起搏器中使用的电池

▶▶ 安全性高，在医疗领域中发挥重要作用

　　锂碘电池作为一种医疗用电池，在安全性方面备受推崇，在人工心脏起搏器领域有着极为关键的应用，事实上，几乎所有的人工心脏起搏器均采用锂碘电池作为其动力来源。值得注意的是，目前日本市场上的锂碘电池全部依赖进口，日本的制造商在这一领域尚未有所布局，并且其 JIS 额定电压仍处于未确定状态。

　　锂碘电池在外形上有硬币形和圆柱形两种可供选择，能够在放电末期持续保持恒定的电压输出，这一特性为医疗设备的稳定运行提供了坚实保障。它的使用温度范围相当广泛，在−55～85℃均能正常工作（见图 2-32）。

▶▶ 电池反应中产生的隔膜兼电解质

　　锂碘电池具有结构简洁的显著特点。在其结构体系中，负极与负极活性物质为锂，锂作为关键成分，在电池的电化学反应里承担着重要角色。正极活性物质则是由碘和聚乙烯基吡啶所组成的混合物（见图 2-33）。

　　该电池两极的氧化还原反应机制明确：负极发生锂的氧化反应，具体表现为锂原子失去电子形成锂离子；正极则进行碘的还原反应，即碘分子获得电子生成碘离子。

　　负极反应：$Li \rightarrow Li^+ + e^-$

　　正极反应：$I_2 + e^- \rightarrow 2I^-$

　　　总反应：$2Li + I_2 \rightarrow 2LiI$

　　当锂的表面与碘相互接触时，会生成固体碘化锂。这一固体碘化锂具有独特的双重作用，它既能够充当隔膜，有效地分隔正负极，防止正负极之间直接接触而引起短路（即内部短路），又可以作为电解质，为锂离子和碘离子的迁移提供通道，从而保障电池内部的电荷传输与电化学反应的顺利进行。此外，由于其电解质为固体形态，这就从根本上杜绝了漏液风险的存在，极大地提高了电池的安全性与稳定性。需要特别指出的是，锂碘电池属于一次电池，其特性与二次电池中的全固态电池（参见 4-16 节）有着明显区别，在使用方式、充放电性能等方

面均存在差异。

图 2-32　锂碘电池的放电特性

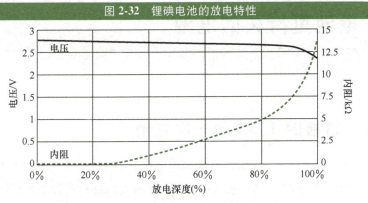

出处：一般财团法人日本设备治疗研究所"起搏器专用电池的登场"。

图 2-33　锂碘电池结构示意图

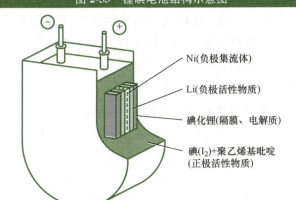

Ni(负极集流体)

Li(负极活性物质)

碘化锂(隔膜、电解质)

碘(I_2)+聚乙烯基吡啶
(正极活性物质)

要点

🖊 锂碘电池因其高安全性被用于人工心脏起搏器，日本需进口该类型电池。

🖊 锂碘电池通过生成碘化锂避免短路，无漏液风险，安全性高。

🖊 锂碘电池是一次电池，与全固态二次电池不同。

比干电池更持久的电池

▶▶ 唯一市售的 1.5V 锂一次电池

在众多锂一次电池中，多数产品的额定电压都处于3V及以上的水平。鉴于市场上存在对能够替代现有1.5V电池的需求，科研人员针对多种正极活性物质展开了深入且细致的研究工作（见图2-34）。本节将介绍锂硫化铁电池和锂氧化铜电池。

在这些研究工作中，目前正在进行生产销售的锂硫化铁电池备受关注，该电池的研发目标聚焦于实现高容量及具备长期保存性这两大关键特性，其额定电压为1.5V，属于锂电池的范畴。锂硫化铁电池的正极活性物质是由明胶包裹着的二硫化铁所构成，这样的包裹结构有助于提升电池性能及活性物质的稳定性。电解液则选用了能够溶解锂盐的有机溶剂，这种搭配为电池内部的离子传导营造了良好的环境，保障了电池正常的充放电过程。

锂硫化铁电池有着诸多优异的性能表现，其持久性相当出色，大约是碱性锌锰干电池的7倍，同时在重量方面优势明显，相较于碱性锌锰干电池减轻了约一半的重量。它的适用温度范围为$-40\sim60℃$（见图2-35），能够在这样相对宽泛的温度区间内稳定工作，并且在特定条件下，该电池具备极佳的长期保存能力，可实现长达15年的保存时间。

负极反应：$Li \rightarrow Li^+ + e^-$

正极反应：$FeS_2 + 4Li^+ + 4e^- \rightarrow Fe + 2Li_2S$

▶▶ 曾市售的 1.5V 锂一次电池

由于某个时期银价的持续上涨，在寻求能够替代银锌电池的过程中，锂氧化铜电池应运而生。这种电池的正极活性物质选定为氧化铜，其具备独特的电化学性能，能够参与到电池内部的能量转换过程中。电解液则采用了能够溶解锂盐的有机溶剂。

锂氧化铜电池在电容量方面表现出色，与银锌电池相比，其电池容量相当，甚至能够超出银锌电池10%左右，它在保持特性方面也更为卓越，能够在较长时间内维持较为稳定的电量存储与输出状态。然而，该电池在低温环境下的脉冲电流特性存在明显问题，故目前已经停止生产，逐渐退出了市场舞台。

图 2-34　1.5V 锂一次电池正极活性物质的额定电压

负极活性物质	正极活性物质	额定电压/V
Li	CuO	2.24
	FeS$_2$	1.75
	Pb$_3$O$_4$	2.21
	Bi$_2$O$_3$	2.04

出处：福田京平《最了解电池的一切》（日本技术评论社，2013 年）第 91 页。

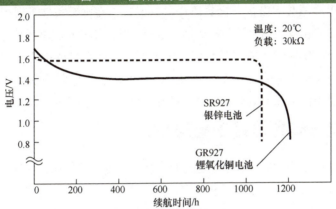

图 2-35　锂氧化铜电池的放电特性

出处：梅尾良之《新电池的科学》（日本讲谈社，2006 年）第 116 页。

要点

🖊 为替代 1.5V 电池研究多种锂一次电池，成功研发出锂硫化铁电池。

🖊 锂硫化铁电池的正极材料特殊，其性能在一定程度上优于碱性锌锰干电池，适用温度范围广。

🖊 锂氧化铜电池因低温脉冲电流问题停产，曾有一定优势。

比碱性锌锰干电池持久 17 倍的电池

▶▶ 发售之初比碱性锌锰干电池更耐用

镍干电池在 2002 年正式作为碱性锌锰干电池的改良产品进入市场。当应用于对高电流有需求的数字设备（如数码相机）时，它在常温条件下展现出了极为出色的续航能力，相较于当时的碱性锌锰干电池，其使用时长能够延长 5 倍（以使用 4 个单 3 号电池为例）。而在碱性锌锰干电池低温性能大打折扣的 0℃温度环境下，镍干电池的优势更为显著，其续航时间相比碱性锌锰干电池可持久约 17 倍，这一卓越的性能表现使得镍干电池在当时备受各界瞩目（见图 2-36）。

▶▶ 结构与碱性锌锰干电池相似

镍干电池的结构和碱性锌锰干电池存在相似之处。具体而言，其结构上的主要变化是把碱性锌锰干电池中的正极二氧化锰替换成了羟基氧化镍（NiOOH）（见图 2-37）。在活性物质方面，负极的活性物质为锌，而正极则采用羟基氧化镍，电解液选用氢氧化钾。

在电池的工作过程中，负极会发生锌的氧化反应，即锌原子与氢氧根离子发生反应，生成氧化锌和水并释放出电子。正极则进行镍从 +3 价还原为 +2 价的反应，羟基氧化镍与水、电子发生作用，生成氢氧化镍并产生氢氧根离子。

负极反应：$Zn + 2OH^- \rightarrow ZnO + H_2O + 2e^-$

正极反应：$NiOOH + H_2O + e^- \rightarrow Ni(OH)_2 + OH^-$

▶▶ 与碱性锌锰干电池的互换性问题

镍干电池尽管在额定电压上与碱性锌锰干电池同为 1.5V，然而其初始电压却达到 1.7V，高于碱性锌锰干电池的 1.6V。这种初始电压的差异可能引发一些兼容性问题，致使部分设备在使用镍干电池时出现发热现象，或者工作不正常甚至发生故障。因此，镍干电池在 2007 年无奈停止生产，最终退出了市场舞台。

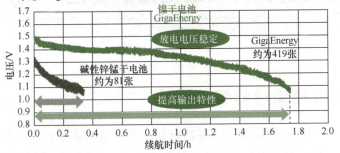

图 2-36　镍系一次电池的放电特性

放电特性
东芝 Allegretto PDR-M60 数码相机(拍摄张数比较)

出处：PC Watch "东芝电池、镍干电池 GigaEnergy 于 2002 年 3 月投入使用"。

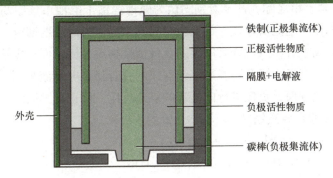

图 2-37　镍干电池结构示意图

要点

　　✎镍干电池上市时因低温性能优势受到关注，是作为碱性锌锰干电池的改良产品。

　　✎其结构类似碱性锌锰干电池，但正极材料不同。

　　✎镍干电池因其初始电压较高而导致与部分设备不兼容，最终停产。

大容量且能保持一定电压的电池

▶▶ 能否取代碱性锌锰干电池

　　氧化物干电池在 2004 年正式亮相市场，其研发初衷是为了获取相较于当时的碱性锌锰干电池更大的电池容量（见图 2-38）。在大电流的数字相机闪光灯拍摄应用场景下，它展现出了卓越的性能，拍摄张数能够实现翻倍的效果，并且整个放电过程直至结束，都能够维持一种较为缓慢且稳定的电压输出（见图 2-39）。在其上市之际，甚至有预测认为碱性锌锰干电池市场中高达 90% 的份额将会被氧化物干电池所取代，足见当时对其市场潜力的高度期待。

　　从结构组成来看，氧化物干电池的负极活性物质为锌，而正极活性物质则是由羟基氧化镍、二氧化锰及石墨所混合而成的复合物，电解液采用氢氧化钾。在电池的工作原理方面，负极进行的是锌的氧化反应，而正极则同时发生着镍从+3价到+2 价的还原反应及锰从+4 价到+3 价的还原反应。

　　负极反应：$Zn+2OH^-{\rightarrow}ZnO+H_2O+2e^-$

　　正极反应：$NiOOH+H_2O+e^-{\rightarrow}Ni(OH)_2+OH^-$

　　　　　　　$MnO_2+H_2O+e^-{\rightarrow}MnOOH$

▶▶ 互换性问题

　　氧化物干电池和镍干电池在特性上存在相似之处，其初始电压能够达到1.7V 这样较高的水平。这种较高的初始电压状况极有可能引发设备出现发热现象，并且会导致设备的使用寿命明显缩短，基于此原因，部分设备明确禁止使用氧化物干电池。

　　另外，在低电流的使用条件下，氧化物干电池的持续放电时长相较于碱性锌锰干电池而言并不占据优势，其应用范围因而受到较大限制，主要集中在数码相机等特定领域。可惜的是，随着数码相机能耗水平的逐步降低，其对电池性能的要求也发生了变化，这使得氧化物干电池的实际应用场景不断减少，市场需求也随之大幅萎缩。2008 年，高性能碱性锌锰干电池成功上市之后，其凭借更为出色的综合性能迅速抢占市场份额，而氧化物干电池在激烈的市场竞争中逐渐处于

极简图解电池基本原理

劣势，市场地位不断下滑，最终在 2009 年无奈停止生产，彻底退出了市场舞台。

图 2-38　松下 "Oxyride" 氧化物干电池与 2004 年当时的碱性锌锰干电池

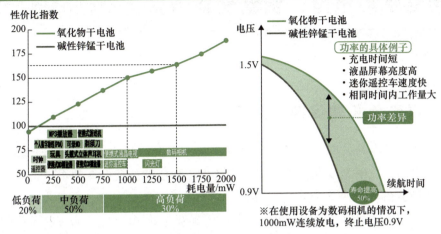

出处：木地本昌弥《松下的下一代干电池 "氧化物干电池" 登场！！》。

图 2-39　氧化物干电池的实证实验

类型	氧化物干电池	(当时的)碱性锌锰干电池
闪光灯实证实验[1]	6.61s	10.4s
数码相机实证实验[2]	315张	144张

[1] 闪光灯连续发光 200 次之后对比充电时间。

[2] 对比使用数码相机时的拍摄张数。

出处：作者根据木地本昌弥《松下的下一代干电池 "氧化物干电池" 登场！！》、PC Watch《松下，下一代干电池 "氧化物干电池" ——约为碱性电池 1.5 倍的长寿命》制作。

要点

　　✎氧化物干电池旨在增大容量，在特定场景有优势，曾有望取代碱性锌锰干电池。

　　✎氧化物干电池结构为正极活性物质混合，存在初始电压高和电流性能低等问题。

　　✎氧化物干电池因多种因素逐渐被市场淘汰，最终停产。

使用水的电池：创新储能方式

▶▶ 可作为长期保存的防灾用品

在紧急停电的关头，电池成了我们最可靠的伙伴。然而，普通电池即使未开封，也会因自放电而逐渐损失电量。为此，一种能够长期保存的水电池应运而生，特别是在 2011 年东日本大地震后，它备受关注。这种单 3 号的水电池，外观与普通干电池相似，却能在未开封状态下保存长达 20 年，是防灾必备品中的佼佼者。

水电池之所以能够长期保存，得益于其独特的内部构造。负极采用镁合金，正极则使用活性炭或二氧化锰等粉末状发电物质。当需要使用时，只需通过注入口加入少量水，发电物质便会吸收水分，水随即成为电解质，电池开始放电（见图 2-40）。这种注水即可使用的电池，我们称之为注水电池。

负极反应：$Mg \rightarrow Mg^{2+} + 2e^-$

镁合金释放出电子，形成镁离子。

正极反应：$2H_2O + 2e^- \rightarrow H_2 + 2OH^-$

水分子接收电子，被分解成氢气和氢氧根离子。

正是这一系列的化学反应，让水电池能够持续提供电能。

▶▶ 易于处理的设计

水电池的使用方式非常便捷。不仅可以用清水激活，甚至果汁、啤酒乃至唾液都能成为其电能来源（见图 2-41）。每次注水只需少量，通过让电池"休息"的同时进行注水，可以重复使用多次。其电量与锌锰干电池相当，非常适合为手电筒、AM/FM 收音机等低电流设备供电。然而，对于数码相机等高电流设备，水电池可能略显力不从心。

此外，水电池还具有轻便环保的优点。100 个电池的总重量仅为 1.5kg，相较于普通电池更为轻便，便于大量储备。同时，由于其不含汞等有害物质，使用后可作为不可燃物处理，既环保又安全。

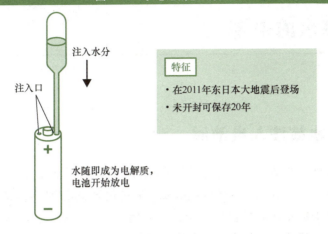

图 2-40　水电池的使用方法

注入口

注入水分

＋

水随即成为电解质，电池开始放电

特征

· 在2011年东日本大地震后登场
· 未开封可保存20年

图 2-41　水电池的特征

水以外的水分也可以发电

不含有害物质，对地球环境友好，可以作为不可燃物处理

可以长期保存，灾害时也可以放心使用

紧急情况

储备用

要点

✎ 通过水电池的注入口，使用附带的勺子注入大约 0.5~1ml 的水，发电物质便会吸收这些水分，使得水本身转变为电解质，随即开始放电。

✎ 水电池看起来与普通的单 3 号电池没有区别，如果未开封，它可以保存长达 20 年。

✎ 不含汞等有害物质，水电池使用完毕后可以作为不可燃物进行处理。

使用海水的电池

▶▶ 当海水被注入电池时

当海水被注入电池时，一种全新的能源利用方式便展现在我们眼前。镁注水电池，正是这样一种利用海水作为电解质、通过化学反应产生电能的创新电池。

镁注水电池的正极活性物质多样，如氯化银、氯化铅、氯化铜、过硫酸钾、海水中含有的溶解酶等，其中，只有使用氯化铜作为正极活性物质的氯化铜注水电池，是通过注入水来放电的水电池。负极则主要采用镁或镁合金。当海水被缓缓注入电池内部时，负极上的镁或镁合金便开始释放电子，形成镁离子。与此同时，正极上的活性物质与海水中的水分子发生反应，接收这些电子并释放出氢气，同时生成氢氧根离子（见图 2-42）。

负极反应：$Mg \rightarrow Mg^{2+} + 2e^-$

正极反应：$2H_2O + 2e^- \rightarrow H_2 + 2OH^-$

▶▶ 在海洋中的大作用

镁注水电池因其独特的性能和便捷的使用方式，在海洋领域中发挥着举足轻重的作用。无论是海上救生灯、海洋观测器、海上标识灯，还是渔业用集鱼灯、雷管等设备，镁注水电池都能为它们提供持久、可靠的电能。特别是在船舶遇险或进行海洋科考时，镁注水电池更是能够迅速启动，为救援工作或科研活动提供及时的电能支持（见图 2-43）。

图 2-42 镁注水电池的种类

	氯化银海水电池	氯化铅海水电池	氯化铜注水电池	过硫酸钾海水电池	溶解氧海水电池
正极活性物质	氯化银	氯化铅	氯化铜	过硫酸钾	氧气
负极活性物质	镁或镁合金				
开路电压/V	1.6	1.2	1.5	2.4	1.34
工作电压/V	1.1～1.5	0.9～1.05	1.2～1.4	1.6～2.0	1.0～3.0
电解液	海水	海水	水	海水	海水
放电时间	数分钟～100h	1～20h	0.5～10h	10～100h	3000～10000h

出处：板子一隆、工藤嗣友《就这些！电池》（秀和出版，2015 年）第 65 页。

图 2-43 镁注水电池的用途设想

灾害时　停电时

室外休闲

在街道和山上使用

海上标识灯　浮标灯

渔业用集鱼灯　船舶紧急信号

在海上使用

要点

✎ 镁注水电池的种类繁多，其中大多数是利用海水的，我们把这些称为海水电池。

✎ 正极活性物质使用氯化铜的氯化铜注水电池，通过注水来放电，也归类为水电池。

✎ 能够直接注入海水来使用的镁注水电池在海上救生灯、海洋观测器等海洋应用中发挥着重要作用。

能够长期保存的电池

▶▶ 通过隔膜实现长期保存的结构

在电池的使用过程中，我们常会发现，随着时间的推移，即便未使用，电池也会因自放电而逐渐损失电量。为了有效防止这一现象，科研人员巧妙地通过隔膜将电池内部的活性物质与电解液分离开来，使它们在不使用时保持不接触状态，从而确保无电流流动，实现电池的长期保存。这种设计原理下的电池，其正极与负极在未使用状态下处于电气绝缘状态，因此被统称为储备电池。值得一提的是，之前介绍的水电池（参见 2-19 节）和海水电池（参见 2-20 节）同样也属于储备电池的范畴（见图 2-44）。

此外，储备电池还包括其他多种类型，如通过气体发生开关注入电解液的锌银电池，以及依赖外部冲击和高速旋转来使电池内部接触的旋转依赖型储备电池。特别值得一提的是，在宇宙和航空领域，熔融盐电池也作为一种重要的储备电池被广泛应用。

▶▶ 利用发热剂熔化电解液的电池

与热电池（参见 6-6 节）将热能转化为电能的工作原理不同，熔融盐电池虽然同样利用热能，但其工作原理和结构设计却独具特色，有时也被归类为热电池的一种。

熔融盐电池是一种特殊设计的电池，它利用电池内部发热剂产生的热量来熔化电解液，从而能够在大电流需求下稳定工作。由于其设计上的独特性，熔融盐电池在未使用时几乎无自放电现象，因此可以长期保存，保质期可达 20 年以上。此外，它还具备出色的耐温性能，无论是在冰点以下的低温环境，还是在高达 80℃ 的高温环境下，都能保持稳定的性能。同时，其高耐振性和耐冲击性也使其在各种恶劣环境下都能保持出色的工作表现。

在熔融盐电池的设计中，负极活性物质通常选用锂合金，正极活性物质则使用二硫化铁，而电解液则是由氯化钾和氯化锂组成的熔融盐（见图 2-45）。当点火端导电时，发热剂被点燃并迅速产生热量，使电解液熔化并激活两极的化学反应，从而产生电流。正是这种独特的工作原理和出色的性能表现，使得熔融盐一次电池在可靠性要求高和大电流的领域，如火箭发射电源、飞机紧急逃生系统、航空和水下紧急电源等场合中发挥着至关重要的作用。

图 2-44　储备电池的种类汇总

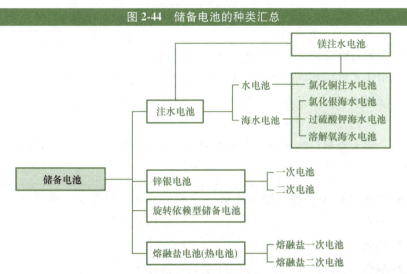

图 2-45　熔融盐一次电池结构示意图

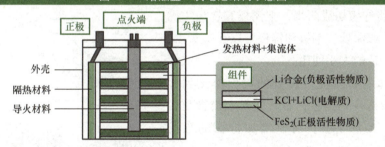

要点

🖊 电池内部正极和负极被设计成在未使用时互相不导电且能够长期保存的电池，我们称之为储备电池。

🖊 储备电池的家族成员包括水电池、镁注水电池、锌银电池、旋转依赖型储备电池，以及熔融盐一次电池。

🖊 熔融盐一次电池通过电池内部产生的热量来熔化电解质，并通过两极的化学反应释放出强大的电流。

来制作柠檬电池吧

将柠檬等有酸味的水果当作电解质，插入铜和锌两种金属，就会形成与伏打电池（参见1-6节）相同的结构。电解质不仅可以用柠檬，也可以试试橙子、葡萄柚等柑橘类水果，以及其他水果和蔬菜，这样就能知道什么样的东西可以当作电解质了。

注意：插入金属后的水果和蔬菜在通电时金属会溶出，所以请不要食用。

需要准备的物品

- 柠檬（橙子、葡萄柚等柑橘类水果）
- 锌板
- 铜板
- 实验用小型发光二极管（或者实验用电子门铃）
- 导线

制作方法

① 将柠檬切成两半，把铜板和锌板牢固地插到柠檬深处。铜板和锌板可以在购买后，切割成合适的大小使用。

② 试着将发光二极管的负极连接到锌板、正极连接到铜板，看看发光二极管是否会点亮。如果不亮，可以增加柠檬的数量试试。

③ 用其他水果和蔬菜也做同样的操作，确认亮度差异等情况。另外，如果有电压表等设备，也可以测量电压。

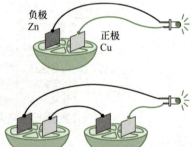

负极 Zn
正极 Cu

第 **3** 章

可重复使用的电池

~支撑社会发展的二次电池（蓄电池）~

电气储存电池

▶▶ 充电并重复使用

二次电池（蓄电池）作为电池的一种，其基本结构与一次电池相似，都包含了正负电极和电解质，并通过电池的氧化还原反应（参见 2-1 节）来产生并向外提供电能，这一过程我们称之为放电。与一次电池放电后无法再使用的特性不同，二次电池具有可充电性，能够多次充电并重复使用，为我们的生活带来了极大的便利。

▶▶ 外部电源强制电子回到原状态

在二次电池的放电过程中，负极活性物质会经历氧化反应，释放电子；而正极活性物质则通过还原反应吸收这些电子（见图 3-1）。这一过程使得电池能够输出电能。然而，在充电过程中，情况则截然不同。外部电源会提供一个"强制力"，将电子压入负极活性物质中，使其被还原并恢复到原始状态。同时，正极活性物质则会通过外部电源抽取电子，并经历氧化反应以恢复到原始状态。可以看出，充电过程与放电过程在化学反应上是完全相反的。

▶▶ 能够储存外部电源的能量

为了给二次电池充电，我们需要将外部电源的正极端子与二次电池的正极相连、负极端子与负极相连。这样，电流就会以与放电时相反的方向在回路中流动。值得注意的是，在二次电池刚被发明的 19 世纪初，由于当时并没有像现在这样的电源适配器（即充电器），因此人们通常使用丹尼尔电池等一次电池来为二次电池充电。也正因为这个原因，充电时使用的电池被称为一次电池，而被充电的电池则被称为二次电池。这一命名方式也一直沿用至今。

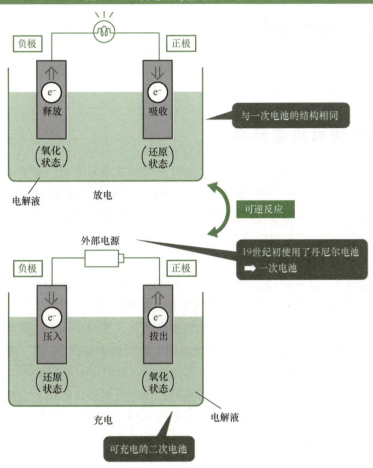

图 3-1 二次电池的放电、充电反应结构

负极

正极

e^- 释放

e^- 吸收

（氧化状态）

（还原状态）

电解液

放电

与一次电池的结构相同

可逆反应

外部电源

19世纪初使用了丹尼尔电池
➡ 一次电池

负极

正极

e^- 压入

e^- 拔出

（还原状态）

（氧化状态）

充电

电解液

可充电的二次电池

要点

✏ 一次电池和二次电池的基本结构相同，但一次电池只能放电，二次电池可以重复进行放电和充电。

✏ 放电时，负极发生氧化反应，正极发生还原反应；充电时则完全相反，负极发生还原反应，正极发生氧化反应。

✏ 将外部电源的正极端子连接到二次电池的正极、负极端子连接到负极时，电流会以与放电时回路中电流方向相反的方向流动。

二次电池的分类

▶▶ 根据使用用途分类

如图 3-2 所生动展示的，二次电池的世界可谓是琳琅满目，种类多样。若从用途这一维度进行划分，我们便能更加清晰地领略到它们在各自领域的独特风采。具体而言，它们可被归为三大类：民用（广泛应用于 PC、智能手机、便携式移动电子设备等）、车载用（如电动汽车的车载设备），以及家庭或商业设施等的固定放置用（见图 3-3）。

民用电池中，镍镉电池（参见 3-7 节）、镍氢电池（参见 3-13 节）及锂离子电池（参见第 4 章）等，皆是日常生活中常见的电池类型。

车载用电池方面，传统燃油车中的铅酸蓄电池（参见 3-3 节）默默坚守，而混合动力汽车则换上了更为先进的镍氢电池，电动汽车更是与 PC、智能手机共享了锂离子电池这一高效能源。

此外，在家庭、医院、商业设施等场所，固定放置用的锂离子电池等也时刻准备着应对突发情况。更有 NaS 电池（参见 3-16 节）和液流电池（参见 3-19 节）等大型二次电池，它们作为储存可再生能源电力的中坚力量，为绿色能源的发展贡献着不可或缺的力量。

▶▶ 民用二次电池的分类

进一步深入民用电池，我们可将其细分为使用碱性电解液与镍系电极的碱性电池，以及采用锂离子的锂电池（见图 3-4）。值得注意的是，碱性二次电池存在记忆效应（参见 3-5 节），而锂离子电池则无此现象，两者在特性上形成了鲜明的对比。

图 3-2　二次电池的种类

二次电池
- NaS电池
- 氧化还原液流电池
- 斑马电池
- 锌溴液流电池
- 锂离子电池　←　因诺贝尔奖而备受关注
- 铅酸蓄电池
- 镍镉电池
- 镍系电池
  - 镍铁电池
  - 镍锌电池
- 镍氢电池
- 高压型镍氢电池

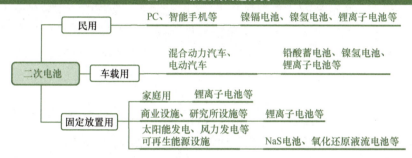

图 3-3　按使用用途分类

二次电池
- 民用　PC、智能手机等　镍镉电池、镍氢电池、锂离子电池等
- 车载用　混合动力汽车、电动汽车　铅酸蓄电池、镍氢电池、锂离子电池等
- 固定放置用
  - 家庭用　锂离子电池等
  - 商业设施、研究所设施等　锂离子电池等
  - 太阳能发电、风力发电等可再生能源设施　NaS电池、氧化还原液流电池等

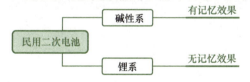

图 3-4　民用二次电池分类

民用二次电池
- 碱性系　有记忆效果
- 锂系　无记忆效果

要点

   二次电池根据使用用途可分为PC和智能手机等民用、电动汽车等车载用、用电设施等固定放置用。

   固定放置用包括家庭、医院、商业设施等用于紧急情况及储存太阳能发电、风力发电等可再生能源产生的电力。

   民用电池可分为使用碱性电解液和镍系电极的碱性系、使用锂离子的锂系。

拥有最悠久历史的二次电池

▶▶ 汽车中的"蓄电池"是世界上使用最早的二次电池

汽车中那不可或缺的"蓄电池",其实正是世界上最早的二次电池——铅酸蓄电池的化身。1859 年,法国人雷蒙德·加斯顿·普兰特以非凡的智慧,发明了这一铅酸蓄电池(也被称作普兰特电池),它的诞生比干电池早了约 30 年。即便是在今天,经过不断改良的铅酸蓄电池,依然在汽车蓄电池和工业机械的动力源领域发挥着重要作用,续写着它的传奇故事。

普兰特巧妙地利用橡胶带作为绝缘材料,将两个铅板卷成圆柱形,再浸入硫酸水中。经过无数次的充放电尝试,他终于成功研制出了具有铅和二氧化铅电极的电池(见图 3-5)。

▶▶ +4 价铅离子在+2 价时更稳定

如今,铅酸蓄电池的反应结构已日臻完善,它包含了负极活性物质铅、正极活性物质二氧化铅、电解液硫酸及隔膜(见图 3-6)。这一电池巧妙地利用了构成二氧化铅的+4 价铅离子在+2 价时更为稳定的化学特性。

在电池放电的过程中,负极的铅活性物质会溶解成为+2 价的铅离子,慷慨地释放出电子,并发生氧化反应。这些铅离子随后与电解液中的硫酸根离子紧密结合,形成硫酸铅沉淀。

而在正极,情况则截然不同。这里,通过吸收从负极移动过来的电子,+4 价的铅离子被还原到+2 价,同样形成了硫酸铅沉淀。

具体的化学方程式如下:

负极反应:$Pb+SO_4^{2-} \rightarrow PbSO_4+2e^-$

正极反应:$PbO_2+4H^++2e^-+SO_4^{2-} \rightarrow PbSO_4+2H_2O$

总反应:$Pb+PbO_2+2H_2SO_4 \rightarrow 2PbSO_4+2H_2O$

然而,随着放电的持续进行,水不断产生,硫酸根离子逐渐减少,导致电解液中硫酸的浓度不断下降,电池的寿命也随之缩短。当超过这一状态进一步放电时,便被称为过放电,这是我们在使用铅酸蓄电池时需要特别注意的一点。

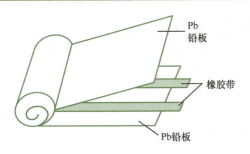
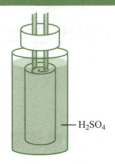

图 3-5　铅酸蓄电池原理图

Pb
铅板

橡胶带

Pb铅板

H_2SO_4

图 3-6　铅酸蓄电池放电反应结构

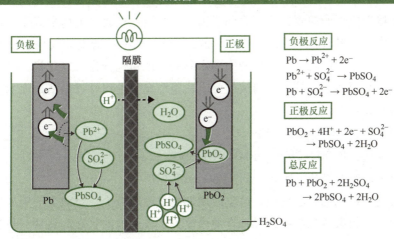

负极

隔膜

正极

H_2O

H^+

Pb^{2+}

SO_4^{2-}

$PbSO_4$

Pb

$PbSO_4$

$PbSO_4$

SO_4^{2-}

PbO_2

H^+　H^+　H^+

PbO_2

H_2SO_4

负极反应

$Pb \rightarrow Pb^{2+} + 2e^-$

$Pb^{2+} + SO_4^{2-} \rightarrow PbSO_4$

$Pb + SO_4^{2-} \rightarrow PbSO_4 + 2e^-$

正极反应

$PbO_2 + 4H^+ + 2e^- + SO_4^{2-}$
$\rightarrow PbSO_4 + 2H_2O$

总反应

$Pb + PbO_2 + 2H_2SO_4$
$\rightarrow 2PbSO_4 + 2H_2O$

第 3 章

要点

✎ 1859 年，由普兰特（法国）发明并改良后的铅酸蓄电池，至今仍用于汽车的"电池"和工业设备的动力源等。

✎ 铅酸蓄电池的负极活性物质使用铅、正极活性物质使用二氧化铅，由于+4 价的铅离子在+2 价时稳定，放电时负极和正极都会析出硫酸铅。

✎ 铅酸蓄电池持续放电会缩短电池寿命，超过一定状态继续放电称为过放电。

充电式电池为何不能永久使用

▶▶ 通过充电恢复到放电前的状态

当铅酸蓄电池与外部电源相连，开始充电之旅时，一场与放电时截然相反的反应便悄然上演。在负极，一场还原反应的盛宴拉开帷幕，硫酸铅如同获得了新生，欣然接受电子的馈赠，重新变回了铅，并慷慨地释放出硫酸根离子，让它们重新回到电解液的怀抱（见图 3-7）。而在正极，则是一场氧化反应的狂欢，硫酸铅在释放电子的同时，与电解液中的水共舞，重新化身为二氧化铅，并释放出氢离子和硫酸根离子。综合这两极的反应，整个充电过程可以简洁地表示为以下的化学方程式：

负极反应：$PbSO_4+2e^-\rightarrow Pb+SO_4^{2-}$

正极反应：$PbSO_4+2H_2O\rightarrow PbO_2+4H^++SO_4^{2-}+2e^-$

总反应：$2PbSO_4+2H_2O\rightarrow Pb+PbO_2+2H_2SO_4$

通过这一系列的充电反应，放电时增加的水逐渐减少，而减少的硫酸根离子则逐渐增加，铅酸蓄电池就这样神奇地恢复到了放电前的状态。然而，从这些化学方程式中我们也不难发现，随着充电的进行，硫酸铅的数量逐渐减少。若此时继续充电，便会发生过充电现象，导致电解水（参见 3-6 节）。

▶▶ "电池膨胀"——铅酸蓄电池劣化的元凶

看着通过充电恢复如初的铅酸蓄电池，我们或许会误以为它能够永久使用。然而，事实并非如此。在电池的使用过程中，硫酸化现象会悄然发生，电极被放电时形成的白色、坚硬的硫酸铅结晶所覆盖（见图 3-8）。新析出的硫酸铅质地较软，充电时能够发生化学反应，负极重新变回铅，正极重新变回二氧化铅。然而，如果电池长时间放置或发生过放电，硫酸铅就会结晶变硬，如同顽固的礁石，不再与充电反应发生任何瓜葛。这时，电流无法流过电极，充电变得徒劳无功，电池便进入了"电池膨胀"的劣化状态，其性能大打折扣。

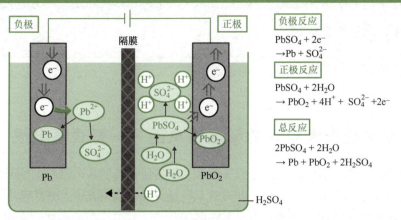

图 3-7　铅酸蓄电池充电反应的结构

负极

隔膜

正极

负极反应

$PbSO_4 + 2e^-$
$\to Pb + SO_4^{2-}$

正极反应

$PbSO_4 + 2H_2O$
$\to PbO_2 + 4H^+ + SO_4^{2-} + 2e^-$

总反应

$2PbSO_4 + 2H_2O$
$\to Pb + PbO_2 + 2H_2SO_4$

Pb

H_2SO_4

PbO₂

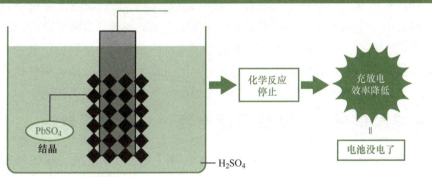

图 3-8　硫酸化现象

$PbSO_4$
结晶

化学反应
停止

充放电
效率降低

电池没电了

H_2SO_4

要点

✏ 充电后的铅酸蓄电池会发生与放电相反的化学反应，正极恢复为二氧化铅，负极恢复为铅，回到放电前的状态。

✏ 铅酸蓄电池劣化的最大原因是放电时析出并附着在电极上的硫酸铅结晶化，这种现象称为硫酸化现象。

✏ 长时间放置或过放电会导致电极无法通电而无法充电，使电池劣化到"电池没电"的状态。

蓄电池的种类

▶▶ 能够提供大电流的铅酸蓄电池——膏式蓄电池

铅酸蓄电池，这位能量储存的佼佼者，根据使用目的和电极板的内部结构差异，被巧妙地分为了多种类型，以满足不同场合的需求。其中，膏式蓄电池（也称起动用蓄电池或起动电池）便是其中的佼佼者，它专为那些需要瞬间爆发巨大电流的场合而生，如汽车发动机的起动等（见图3-9）。

膏式蓄电池的奥秘在于其独特的电极结构。电极由铅或铅合金精心打造而成，构建起一个如网状般的骨架，而在这骨架之上，则是以膏状形式均匀涂抹的铅粉等活性物质。这一网状骨架不仅起到了集流体的作用，更使得活性物质与电解液的接触表面积大大增加，从而能够在瞬间引发大量化学反应，提供出澎湃的电流。无论是正极还是负极，膏式的电极板都发挥着至关重要的作用。

▶▶ 持续提供电流的铅酸蓄电池——栅式蓄电池

与膏式蓄电池相得益彰的，是栅式蓄电池（也称EB电池、深循环电池）。它的电极结构独树一帜，仅在正极中采用（见图3-10）。栅式蓄电池的电极是在玻璃纤维管中巧妙插入集流体的铅合金芯，然后在其间填充满满的活性物质。这样的设计，使得它对振动和冲击具有极高的抵抗力，因此被广泛应用于工厂的叉车、应急备用电源及高尔夫球场的电动车等需要持续稳定提供电流的场合。

▶▶ 铅酸蓄电池为何能长期使用

铅酸蓄电池之所以能够在众多储能设备中脱颖而出，成为长期使用的首选之一，其背后有着多重原因。首先，用作电极的铅价格亲民，降低了电池的整体成本；其次，铅酸蓄电池的维护相对简单，无需过多的专业知识和技能；更为重要的是，它并没有所谓的"记忆效应"这一烦恼（参见3-9节）。记忆效应，简而言之，就是如果电池在还有剩余电池容量的情况下重复补充充电，那么无论后续如何充电，电池在放电过程中的电压都会有所下降。而铅酸蓄电池则巧妙地避开了这一陷阱，使得其能够长期保持稳定的性能，为用户带来持久而可靠的电力支持。

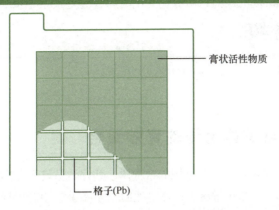

图 3-9　膏式电极

膏状活性物质

格子(Pb)

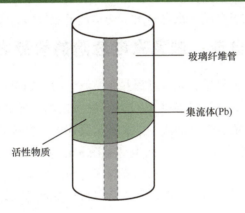

图 3-10　栅式电极

玻璃纤维管

集流体(Pb)

活性物质

要点

　　📝膏式蓄电池用于汽车发动机，瞬间流过大量电流时使用的是膏状形式电极，用于正极和负极。

　　📝栅式蓄电池仅在正极使用的栅式电极，因其抗振动和冲击能力强，也用于工厂的叉车和应急备用电源等。

　　📝在电池容量剩余的状态下重复补充充电，会出现无论充电多少，放电时电压都会降低的现象，称为记忆效应。

蓄电池结构

▶▶ 蓄电池与单体电池的奇妙组合

铅酸蓄电池，这位汽车能源领域的常青树，其背后隐藏着巧妙的构造智慧。它并非单一的存在，而是由多个被称为单体电池的"小能手"组合而成（见图3-11）。每个单体电池都蕴含着约2.1V的额定电压，而为了满足汽车对电压的需求，通常会将6个或12个这样的单体电池串联起来，形成12V或24V的汽车用蓄电池。这样的组合，既保证了电压的稳定输出，又实现了能量的高效利用。

▶▶ 通风型蓄电池：避免充电危险的智慧之选

在铅酸蓄电池的世界里，充电过程并非一帆风顺。如果充电过度，硫酸铅会被耗尽，进而引发水的电解（参见3-4节），在负极和正极分别产生氢气和氧气。这些气体的积聚，可能会带来漏液、破裂甚至爆炸的潜在危险。为了应对这一挑战，通风型（开放型）蓄电池应运而生（见图3-12和图3-13）。它通过设计巧妙的气孔，让产生的气体得以释放，从而确保了电池的安全。然而，这也带来了水分减少的问题，因此需要定期为电池补水，以保持其最佳状态。

▶▶ 密闭阀控式蓄电池：安全与便捷的完美融合

相较于通风型蓄电池，密闭阀控式（密闭型、密封型）蓄电池则展现出了更为先进的设计理念。它巧妙地利用了氢气和氧气在电池内部的化学反应，将这两种气体重新转化为水，从而实现了电池内部的自我循环和平衡。即便在意外情况下产生内部压力，密闭阀控式蓄电池也设有控制阀来释放气体，确保了电池的安全无忧。

更为值得一提的是，密闭阀控式铅酸蓄电池的隔膜采用了玻璃纤维材质。这种材质不仅能够有效保持电解液中的硫酸，还极大地降低了因振动或倾倒而导致的漏液风险。具有无需补水、维护简便的特点，使得这种蓄电池被赋予了"免维护蓄电池""干式蓄电池"的美誉，并广泛应用于不间断电源（Uninterruptible Power Supply，UPS）、便携式电源、摩托车、汽车等多个领域。

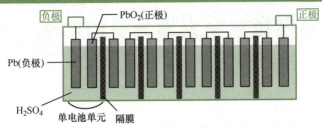

图 3-11 铅酸蓄电池的单电池构成

负极　　　　PbO₂(正极)　　　　　正极

Pb(负极)

H₂SO₄　　单电池单元　　隔膜

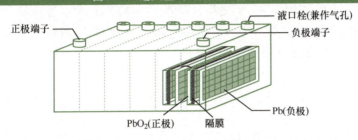

图 3-12 通风型（开放型）蓄电池

正极端子　　　　　　液口栓(兼作气孔)
　　　　　　　　　　负极端子

　　　　　　　　　　Pb(负极)

PbO₂(正极)　　隔膜

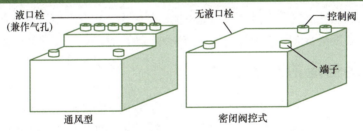

图 3-13 通风型（开放型）铅酸蓄电池和密闭阀控式（密闭型、密封型）铅酸蓄电池的外观

液口栓
(兼作气孔)　　　　　无液口栓　　　　控制阀

　　　　　　　　　　　　　　　　　端子

通风型　　　　　　　　　密闭阀控式

要点

✎ 铅酸蓄电池由6个或12个额定电压约2.1V的单电池（称为单元）组合而成，电压变为12V或24V使用。

✎ 通风型（开放型）铅酸蓄电池通过气孔释放过充电产生的气体，由于水会减少，需要定期注水。

✎ 密闭阀控式（密闭型、密封型）铅酸蓄电池将产生的氢气和氧气在电池内部反应生成水，无需担心振动或倾倒导致的漏液，无需维护。

曾经在小型家电中大显身手的电池

▶▶ 20 世纪 80 年代可充电电池的代表

在铅酸蓄电池辉煌了 40 年之后，1899 年，瑞典的埃尔恩斯特·沃尔德马尔·尤格纳以非凡的智慧，发明了镍镉电池（也称 NiCd 电池、碱性蓄电池）。这款电池，尽管含有对人体有害的镉元素，但其卓越的性能却令人瞩目。与铅酸蓄电池相比，镍镉电池拥有更高的能量密度，耐过放电能力⊖更强，在放电末期仍能几乎保持稳定的额定电压 1.2V。更令人称奇的是，即便长时间放置，其性能也鲜有下降。

在日本，自 20 世纪 60 年代镍镉电池上市以来，其圆柱形的小型机型迅速风靡一时。20 世纪 80 年代，它更是成为随身听、电子工具、剃须刀和应急照明电源等设备的首选电池。在那个时代，镍镉电池不仅走进了千家万户，更在宇宙探索中崭露头角，长期搭载于人造卫星之上，为人类的太空梦想提供了坚实的能源支持。

▶▶ 镍镉电池的反应机制

然而，镍镉电池的辉煌并非偶然。其独特的反应机制是其性能的基石。在放电过程中，负极的活性物质镉会被氧化为氢氧化镉，而正极的活性物质羟基氢氧化镍则会被还原为氢氧化镍。电解液则是氢氧化钾的碱性溶液。这一过程，如图 3-14 所示，右向箭头代表着放电过程，而左向箭头则代表着充电过程。

值得一提的是，镍镉电池的正极并不会像铅酸蓄电池那样，在反应过程中发生活性物质的溶解或析出。这意味着，镍镉电池的正极活性物质能够保持更为稳定的状态，从而延长了电池的使用寿命。此外，在放电过程中，水会被消耗，导致电解液的浓度升高；而在充电过程中，水又会被生成，使得电解液的浓度降低。这一独特的反应机制，不仅赋予了镍镉电池卓越的性能，更使其成为 20 世纪 80 年代二次电池的领军者。

⊖ 耐过放电能力是指电池在过度放电情况下，仍能保持一定的性能和寿命，避免受到严重损坏的能力。——译者注

图 3-14　镍镉电池的电池反应结构

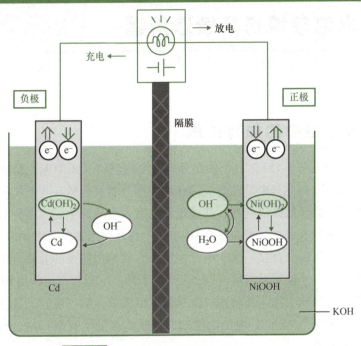

$$负极反应\quad Cd + 2OH^- \rightleftharpoons Cd(OH)_2 + 2e^-$$

$$正极反应\quad NiOOH + H_2O + e^- \rightleftharpoons Ni(OH)_2 + OH^-$$

$$总反应\quad Cd + 2NiOOH + 2H_2O \rightleftharpoons Cd(OH)_2 + 2Ni(OH)_2$$

要点

🖋 镍镉电池具有高能量密度、耐过放电、放电末期电压几乎保持恒定、长时间放置性能下降少等优点。

🖋 镍镉电池曾被用于便携式音频、电动工具、剃须刀、应急照明电源等，但现在已被镍氢电池或锂离子电池取代。

🖋 与铅酸蓄电池不同，正极不发生活性物质的溶解或析出反应，不增加活性物质的负担。

为何电池领域仍持续选用镉

▶▶ 镉在电池中的独特作用

镍镉电池（见图 3-15），一个曾在日本引发痛痛病（镉中毒）公害问题的元素——镉，却至今仍在其中发挥着关键作用。这背后，自然有其不凡的理由。

尤格纳最初设计的镍镉电池，在过度充电时，电解液中的水会分解，负极析出氢气，正极则释放氧气（参见 3-6 节）。这一过程，与铅酸蓄电池颇为相似。

但是，镉，这位与昔日一次干电池中的汞有着相似特性的元素，因氢过电压较高（参见 2-5 节）而不易与氧气"亲近"。于是，工程师们巧妙地利用这一点，通过在负极活性物质中加入足量镉，既抑制了负极氢气的产生，又让正极的氧气得以在负极"安家"。如此，电池内部的气体生成得到了有效控制，密闭型电池也因此减少了漏液问题。

▶▶ 使用方便的电池结构

再看如今的镍镉电池，与部分锂一次电池一样，它们都采用了先进的隔膜技术，将正极板和负极板以卷状或层叠的螺旋结构（参见 2-12 节）巧妙组装（见图 3-16）。这些组件被牢牢封装在铁罐中，外面再套上一层外装标签或绝缘管，形成了密闭的电池世界。而为了防止正极端子"生气"产生氧气，电池还贴心地配备了排气阀，随时准备释放多余的气体。

这样的设计，不仅让镍镉电池更加坚固耐用，能够抵御振动和冲击，更让它拥有了进行大量的电力充放电的能力。而且，即便在低温环境下，镍镉电池的电压下降也微乎其微，展现出其卓越的性能。因此，镍镉电池得以广泛普及，成为众多领域的得力助手。

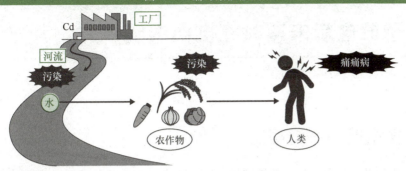

图 3-15 镉污染扩散图

Cd
工厂
河流
污染
水
污染
农作物
痛痛病
人类

对于向欧盟的出口品种（电子零部件等），根据 RoHS※，镉的最大允许浓度为 0.01%（100ppm），以比其他元素更严格的标准被认定。

※RoHS（英文全称为 Restriction of Hazardous Substances）是由欧盟立法制定的一项强制性标准，旨在限制在电子电气设备中使用某些有害物质，以保护环境和人类健康。

图 3-16 镍镉电池结构

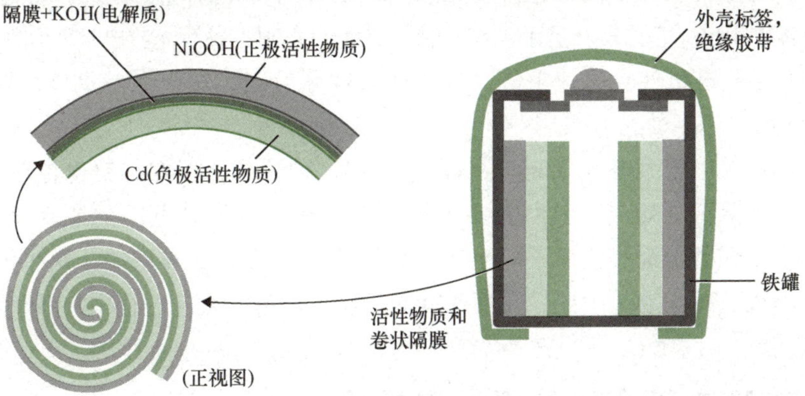

隔膜+KOH(电解质)
NiOOH(正极活性物质)
Cd(负极活性物质)
(正视图)
外壳标签，
绝缘胶带
铁罐
活性物质和
卷状隔膜

要点

✎ 镍镉电池含有曾在日本引发公害问题、对人体有害的镉。

✎ 镍镉电池由于镉的存在，气体产生得到控制，因此可以实现漏液少的密闭型结构。

✎ 现在的镍镉电池已经变成了螺旋结构，可以进行更大的电力充放电，更坚固，耐冲击，使用方便。

关于放电后未即时充电的误解

▶▶ 充电时的关键要点

　　回想往昔，"随身听"等便携式音频设备所使用的镍镉电池，通常会附带这样的说明："在充电之前，请确保电池已完全放电，避免只使用一小部分电量后就立即进行充电，而应该等到电量完全耗尽后再充电"。这是因为，如果频繁地进行部分充电，镍镉电池会产生一些不寻常的反应。

　　镍镉电池有一种特性，它会"记住"在何时被中断放电并开始充电的电量点（即未完全放电就充电的点），并将这个点视为其满电池容量。因此，与电池的实际电池容量相比，它只能在这个被"记住"的电量点附近进行充放电，而且在接近这个点的时候，电压就会迅速下降。这种现象被称为记忆效应（参见 3-5 节）（见图 3-17）。

　　虽然镍氢电池（参见 3-13 节）也会出现这种现象，但在镍镉电池中尤为明显。为了消除记忆效应，我们需要进行"完全放电后再充电"的刷新操作。然而，对于铅酸蓄电池和锂离子电池（参见第 4 章）等其他类型的二次电池来说，就不会出现这种问题，因此，在现代智能手机等设备的充电过程中，我们无需担心这些问题。

▶▶ 昔日热门产品的现状与挑战

　　镍镉电池的自放电率相对较高，每天的自放电率可以达到 1%，在二次电池中属于性能衰退较快的类型，因此在长时间未使用后，需要特别注意其性能状态。更重要的是，由于镍镉电池中含有镉元素，它给环境带来了不小的负担。

　　正是出于这些原因，在 1994 年镍镉电池的销售量达到约 8.6 亿个的高峰之后，它逐渐被镍氢电池和锂离子电池所取代（见图 3-18）。在欧洲部分地区，由于镉元素的环境问题，镍镉电池已经被禁止制造。而在日本，尽管镍镉电池仍在生产，但已经不再是主流产品。

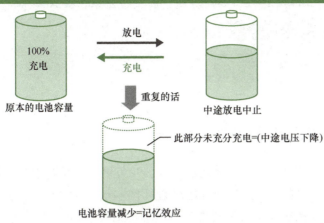

图 3-17　记忆效应

放电

充电

100%
充电

原本的电池容量

中途放电中止

重复的话

此部分未充分充电=(中途电压下降)

电池容量减少=记忆效应

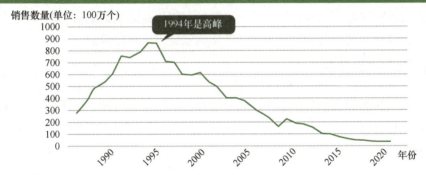

图 3-18　镍镉电池销售数量变化

销售数量(单位: 100万个)

1994年是高峰

年份

出处: 作者以日本一般社团法人电池工业会"二次电池销售数量长期变化"为基础制作。

要点

　　✎ 镍镉电池在未完全放电就反复充电时，会出现电池容量看似减少的记忆效应。为防止这种情况，需要完全放电后再充电或进行刷新操作。

　　✎ 由于镉的问题，镍镉电池在欧洲部分地区已被禁止生产。在日本，其生产也在持续减少，逐渐被镍氢电池和锂离子电池取代，已不常见。

爱迪生发明的电池

▶▶ 为电动汽车而开发的电池

发明家托马斯·阿尔瓦·爱迪生（美国）发明了不使用有害镉的二次电池。在镍镉电池问世之后，爱迪生敏锐地察觉到了电动汽车的巨大潜力。为了推动电动汽车的发展，他投入了大量精力进行电池的研发。1900 年，爱迪生成功获得了镍铁电池（也被后人尊称为爱迪生电池）的专利。紧接着，在 1903 年，他推出了搭载这款电池的电动汽车（见图 3-19）。然而，福特在 1908 年推出的 T 型汽车的汽油成本比电力成本更低，这一市场现实使得爱迪生的电动汽车未能广泛普及，尽管如此，这一创举仍然为电动汽车领域注入了新的活力。

▶▶ 用铁替代镉

镍铁电池的最大创新之处在于其反应结构。爱迪生巧妙地使用铁作为负极活性物质、氧化镍作为正极活性物质，而氢氧化钾则充当了电解质（见图 3-20）。这种创新的设计不仅避免了镍镉电池中镉元素对环境的污染，还提高了电池的性能和安全性。

在放电过程中，负极的铁与氢氧化钾发生反应，生成氢氧化亚铁并沉积在电极上；而在正极，羟基氧化镍则获得电子，与水反应生成氢氧化镍，并释放出氢氧化物离子。当充电时，这些反应会逆转，实现电池的再利用。镍铁电池的化学方程式如下：

负极反应：$Fe+2OH^- \rightleftharpoons Fe(OH)_2+2e^-$

正极反应：$NiOOH+H_2O+e^- \rightleftharpoons Ni(OH)_2+OH^-$

总反应：$Fe+2NiOOH+H_2O \rightleftharpoons Fe(OH)_2+2Ni(OH)_2$

镍铁电池不仅具有成本低廉、物理耐久性好、电池寿命长等优点，而且在充电末期或过放电时，负极产生的氢气和正极产生的氧气也相对较少，从而降低了安全隐患。这些优点使得镍铁电池在工业用运输车辆、铁路车辆及备用电源等领域得到了广泛应用。

然而，尽管镍铁电池具有诸多优势，但在 20 世纪 80 年代被日本生产的电动汽车采用时，仍面临自放电和氢气产生等问题。

图 3-19　搭载镍铁电池的电动汽车

图 3-20　镍铁电池的反应结构

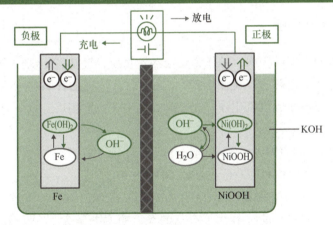

要点

　　✐爱迪生发明了电动汽车，但因为燃油车成本更低，当时的电动汽车并未普及。

　　✐作为电动汽车的电源，爱迪生获得了不含对人体有害镉的镍铁电池的专利。

　　✐镍铁电池具有廉价、耐久性优越和寿命长的优点，但同时也存在自放电和氢气产生等许多问题。

再次成为焦点的二次电池

▶▶ 那些历史上被遗忘的二次电池

碱性二次电池，包括镍镉电池（参见 3-7 节）和镍铁电池（参见 3-10 节），因使用碱性电解质和镍而得名（镍系碱性蓄电池）。在这些电池的研究历史中，镍锌电池（见图 3-21）占有一席之地。自 19 世纪末至 20 世纪初，镍锌电池的基本结构已被发明，爱迪生在 1901 年获得了相关专利。

▶▶ 用锌替代镉

镍锌电池的反应结构中，锌作为负极活性物质，羟基氧化镍作为正极活性物质，氢氧化钾作为电解质（见图 3-22）。放电时，负极的锌氧化成氢氧化锌，正极的羟基氧化镍还原成氢氧化镍。充电时，这些反应则相反。以下是镍锌电池的化学方程式：

负极反应：$Zn+2OH^- \rightleftharpoons Zn(OH)_2+2e^-$

正极反应：$NiOOH+H_2O+e^- \rightleftharpoons Ni(OH)_2+OH^-$

总反应：$Zn+2NiOOH+2H_2O \rightleftharpoons Zn(OH)_2+2Ni(OH)_2$

镍锌电池以非毒性的锌替代了有毒的镉，额定电压为 1.6V，在碱性二次电池中属于较高水平，具有高能量密度的优势。由于不使用可燃性有机溶剂，其安全性较高，对安装地点无限制。然而，由于充放电次数（循环寿命）较短（参见 3-12 节），这种电池一直未能广泛普及。

图 3-21　镍锌电池

出处：ZAF 能源系统"为什么选择镍锌电池?"。

图 3-22　镍锌电池的结构

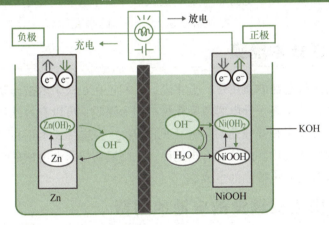

要点

🖊 使用碱性电解质和镍的二次电池称为碱性二次电池，镍镉电池、镍铁电池、镍锌电池都属于此类。

🖊 镍锌电池使用廉价的锌替代镉，额定电压在碱性二次电池中较高，能量密度高。

🖊 但它在电压降至零之前的充放电次数（循环寿命）较短，长期以来未广泛普及。

充放电过程中引起的故障

▶▶ 枝晶问题

　　镍锌电池循环寿命较短的问题之一是枝晶的形成。放电时，负极活性物质锌会部分溶解为锌离子进入电解质中，而在充电时，这些锌离子重新沉积为锌时，可能会形成树状结晶，即枝晶（见图 3-23）。

　　这种结晶在反复充放电过程中不断生长，一旦穿透隔膜到达正极，就可能引起电池短路（参见 2-1 节），从而成为起火或爆炸的潜在原因。

▶▶ 使用新技术隔膜

　　为了实现镍锌电池的实用化，近年来，人们正在积极采取措施防止枝晶引起的短路。例如，使用离子导电膜或陶瓷材料作为隔膜，可以有效地过滤氢氧根离子，同时阻止锌离子和锌枝晶的穿透（见图 3-24）。这些技术正在开发中，以期实现镍锌电池的实用化。此外，有报道称，采用最新技术电解法的合金化锌箔作为负极，可以有效防止枝晶的生成。

▶▶ 对历史上被埋没的电池的期待

　　枝晶问题不仅限于锌电极，铁、锰、铝、钠等金属电极也存在这一问题，这些金属电极长期被历史遗忘。随着新技术解决了枝晶问题，我们期待新型二次电池（包括镍锌电池在内）的诞生。

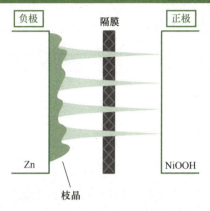

图 3-23　枝晶的生成

负极　　隔膜　　正极

Zn　　　NiOOH

枝晶

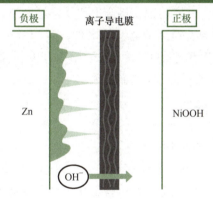

图 3-24　离子导电膜的效果

负极　　离子导电膜　　正极

Zn　　　NiOOH

OH⁻

要点

　　🖋镍锌电池在充放电循环时，负极的锌可能会生成称为枝晶的树状结晶。当这种结晶生长并穿透隔膜到达正极时，会导致电池短路。

　　🖋镍锌电池循环寿命短的原因是枝晶生长导致的电池劣化。

　　🖋有报道称，使用离子导电膜作为隔膜，可在允许氢氧化物离子透过的同时防止枝晶生长。

使用氢的二次电池

▶▶ 一度独占市场

镍氢电池（也称 Ni-MH 电池、金属氢化物电池）以其独特的贮氢合金作为负极活性物质，氢氧化镍作为正极活性物质，碱性氢氧化钾作为电解质。这种电池与其他碱性二次电池结构相似，主要区别在于负极活性物质。

1990 年，镍氢电池在日本率先实现实用化，额定电压为 1.2V，电池容量是镍镉电池的 2 倍，且不含有害的镉，逐渐取代了镍镉电池。它曾广泛应用于笔记本电脑和音响设备，但随着锂离子电池的出现，其产量在 2000 年达到高峰后开始下降（见图 3-25）。镍氢电池最初为航天用途开发，并被用于人造卫星。此外，它也因在混合动力汽车中的应用而闻名。

▶▶ 贮氢合金是什么

镍氢电池的一个显著特点是使用了贮氢合金（金属氢化物，MH）。贮氢合金不仅用于镍氢电池，还用于氢储存罐的介质、热泵、压缩机等。氢原子体积小，能够进入金属原子的间隙中。通过合金化，结合容易吸收氢的金属和容易释放氢的金属，合金能够储存和释放超过其体积 1000 倍的氢（见图 3-26）。形象地说，合金的间隙中充满了氢，在特定条件下，氢可以进出合金。

容易吸收氢的金属包括镧、铈等稀土金属，而容易释放氢的金属是添加了钴等的镍。使用稀土等昂贵金属是电池成本上升的一个因素，为了实现低成本合金的实用化，日本进行了长期研究，在 2003 年开始使用放电性能优异的超晶格合金。

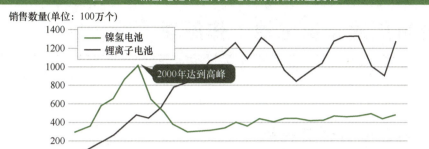
图 3-25　镍氢电池和锂离子电池的销售数量变化

销售数量(单位：100万个)

2000年达到高峰

出处：作者以一般社团法人电池工业会"二次电池销售数量长期变化"为基础制作。

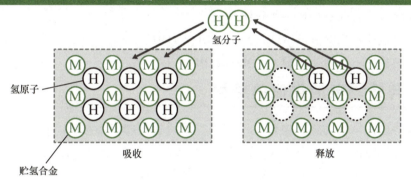
图 3-26　贮氢合金的结构

氢分子

氢原子

贮氢合金

吸收　　　　　　　　　释放

要点

✏ 镍氢电池的电容量是镍镉电池的 2 倍，且不含镉，因此广泛普及，曾用于混合动力汽车，但现在已被性能更好的锂离子电池取代。

✏ 将容易吸收氢的金属和容易释放氢的金属合金化，可得到能吸收和释放超过其体积 1000 倍的氢的贮氢合金。

✏ 镍氢电池负极活性物质使用的贮氢合金，也用于氢储存罐的介质、热泵、压缩机等。

使用氢的二次电池工作原理

▶▶ 用贮氢合金替代镉

　　镍氢电池的反应结构中，放电时负极的贮氢合金释放氢气，并通过氧化反应生成水（见图 3-27）；充电时则发生相反的反应。贮氢合金的化学方程式表示为 MH。在正极，与其他碱性二次电池一样，放电时羟基氧化镍被还原为氢氧化镍，充电时则发生相反的反应，电池的化学方程式如下：

　　负极反应：$MH+OH^- \rightleftharpoons M+H_2O+e^-$

　　正极反应：$NiOOH+H_2O+e^- \rightleftharpoons Ni(OH)_2+OH^-$

　　总反应：$MH+NiOOH \rightleftharpoons M+Ni(OH)_2$

▶▶ 与镍镉电池类似的结构

　　镍氢电池结构与镍镉电池几乎相同，采用螺旋密闭型结构。作为过充电对策，与镍镉电池一样，在负极比正极引入更多的活性物质，以抑制负极产生的氢气。同时，为了应对可能产生的氢气，也安装了可以排放的阀门（参见 3-8 节）。

▶▶ 需要注意的贮氢合金的性质

　　镍氢电池虽然具有与镍镉电池类似的结构，但需要注意的是充放电特性。它也会产生记忆效应，但没有镍镉电池那么明显（参见 3-9 节）。如果使用具有刷新功能的充电器，在充电前先放电，就不必担心（见图 3-28）。问题在于，如果将无法储存氢气的贮氢合金放置不用，其储氢功能会下降，从而缩短电池寿命。因此，应避免长时间放置不用，最好在充电后进行保管。这样可以保持贮氢合金的活性，延长电池的使用寿命。

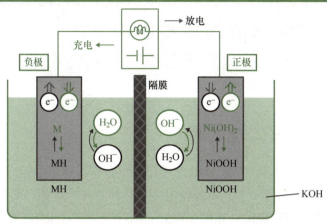

图 3-27　镍氢电池的反应结构

→ 放电
← 充电

负极

正极

隔膜

e^-　e^-

e^-　e^-

H_2O

OH^-

OH^-

$Ni(OH)_2$

M

H_2O

MH

MH

NiOOH

NiOOH

KOH

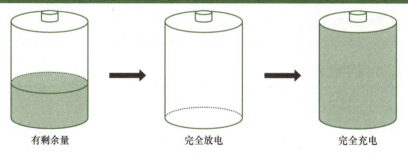

图 3-28　镍氢电池的电量显示

有剩余量

完全放电

完全充电

要　点

> ✎ 镍氢电池通过使用贮氢合金替代了镍镉电池中的镉，其结构与镍镉电池相似，呈螺旋状并密封。在设计中，负极加入了比正极更多的活性物质，以此来抑制氢气的产生。
>
> ✎ 一些镍氢电池充电器具有充电前放电的刷新功能，可防止记忆效应。
>
> ✎ 贮氢合金在不储存氢的状态下放置，会缩短电池寿命，因此不用时应充电后保管。

在宇宙中活跃的使用氢的电池

▶▶ 宇宙开发与二次电池

通常所说的"镍氢电池",指的是使用贮氢合金的镍氢电池(Ni-MH 电池,金属氢化物电池)。然而,早期的镍氢电池是一种特殊的电池,其负极高压罐中储存氢气,称为 Ni-H$_2$ 电池(见图 3-29)。

宇宙开发与二次电池有着密切的关系:在宇宙中使用设备,质量限制是一个现实问题,即使成本增加也需要轻质电池。从 20 世纪 60 年代开始,宇宙用电池一直以镍镉电池为主,直到 20 世纪 80 年代中期被 Ni-H$_2$ 电池取代。但为了避免高压氢气罐的危险,Ni-H$_2$ 电池很快被镍氢电池取代,最近则使用锂离子电池。

▶▶ 过大的电池

Ni-H$_2$ 电池将电池本身存放在压力容器内,并充满 30~70 个大气压的高压氢气,这种氢气成为负极活性物质。正极活性物质是羟基氧化镍,电解液是氢氧化钾(见图 3-30)。

两极反应及总反应在充放电时的化学方程式如下:

负极反应:$H_2 + 2OH^- \rightleftharpoons 2H_2O + 2e^-$

正极反应:$NiOOH + H_2O + e^- \rightleftharpoons Ni(OH)_2 + OH^-$

总反应:$H_2 + 2NiOOH \rightleftharpoons 2Ni(OH)_2$

这款电池的额定电压为 1.2V,拥有大约 10 年的长寿命。然而,它最大的短板在于体积过于庞大,形成了笨重的罐装设备,导致其能量密度相对较低。

图 3-29　Ni-H$_2$ 电池

出处：NASA "哈勃任务"。

图 3-30　Ni-H$_2$ 电池的反应结构

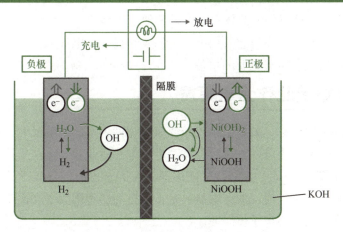

要点

✎ 早期的镍氢电池未使用贮氢合金，而是将电池本身封装在压力容器内，充满高压氢气，即 Ni-H$_2$ 电池。

✎ Ni-H$_2$ 电池中，高压氢气罐中的氢气作为负极活性物质，该电池重量大、能量密度小。

✎ Ni-H$_2$ 电池虽曾用于人造卫星，但为避免高压氢气罐的危险，它很快被镍氢电池取代，现在则多使用锂离子电池。

能够储存大量电能的二次电池

▶▶ 能够储存大量电能的二次电池

NaS 电池（也称钠硫电池），自 1967 年在美国作为电动汽车动力源的原理被公布以来，至 2003 年在日本成功实现了商业化生产（见图 3-31）。这种电池以其高能量密度著称，能够稳定存储数十万 kW·h 的大规模电能。得益于其低廉的电极材料成本、完全密封的设计、无排放和噪音污染，以及易于维护的特点，NaS 电池成为一种理想的电池技术。由于其便于扩展至大规模应用，钠硫电池在提升工厂电力效率、作为应急备用电源，以及在风力发电等可再生能源领域的电力稳定化方面扮演着至关重要的角色。

▶▶ 使用熔融盐作为电解质

在电池的电解质中，如果使用硫酸或氢氧化钾等水的电解质时，在充电末期或过放电时，水会发生电解，导致气体产生，电解质泄漏和电池劣化是不可避免的（参见 3-6 节）。因此，人们尝试使用即使在固态也能传导离子的固体电解质和熔融盐电解质。这里所说的熔融盐，是指通过加热将阳离子和阴离子结合的化合物熔化，从而获得高离子传导率。

NaS 电池使用被称为 β-氧化铝的固体电解质作为电解质，并在高温下作为熔融盐使用。因此，它是一种熔融盐二次电池，也是一种热电池（参见 2-21 节）。NaS 电池在约 300℃ 的高温下运行，因此负极活性物质的金属钠（熔点约为 98℃）和正极活性物质的硫（熔点约为 115℃）会超过其熔点变为液态（见图 3-32）。其间的固体电解质 β-氧化铝只允许钠离子通过，同时也起到了隔膜的作用。此外，由于固体电解质在室温下是非导电性的，NaS 电池可以在常温下储存时避免自放电，实现长期稳定保存。

图 3-31　NaS 电池的外观

800kW集装箱(4个集装箱)的例子

出处：日本碍子株式会社"面向正在考虑引进的客户"。

图 3-32　300℃与室温下的 NaS 电池状态

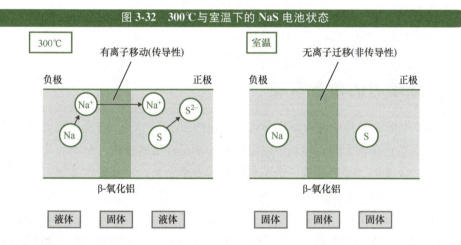

要点

✎能量密度高且电极成本低的 NaS 电池，在工厂电力效率化、应急备用电源、可再生能源电力稳定化等方面正发挥着重要作用。

✎由于 NaS 电池在高温下使用固态电解质 β-氧化铝作为熔融盐的电解液，因此它是一种熔融盐二次电池，也属于热电池的一种。

✎固态电解质在室温下是非导电的，NaS 电池在室温下储存时不会发生自放电，这使得 NaS 电池能够长期稳定地保存。

储存较大能量的二次电池注意事项

▶▶ 钠与硫的反应

NaS 电池的反应结构中，在放电时，负极活性物质的钠释放电子并氧化成钠离子，通过固体电解质（见图 3-33）；正极活性物质的硫接受钠离子和电子，通过还原反应形成多硫化钠。充电时则发生相反的反应。电池的化学方程式如下：

负极反应：$Na \rightleftharpoons Na^+ + e^-$

正极反应：$5S + 2Na^+ + 2e^- \rightleftharpoons Na_2S_5$

总反应：$2Na + 5S \rightleftharpoons Na_2S_5$

▶▶ 处理时的注意事项

NaS 电池凭借其卓越的循环寿命（长达约 15 年之久），以及无记忆效应的特质，预示着它在未来能源领域中将扮演更为举足轻重的角色。然而，其负极活性成分——金属钠，却潜藏着一个不容忽视的安全隐患：一旦与水接触，便可能引发爆炸危险。更为复杂的是，在充电过程中，电池内部会生成硫化钠，这种物质一旦与水发生反应，便会释放出有毒的硫化氢气体。鉴于此，当 NaS 电池不幸遭遇火情时，传统的水基灭火器是绝对不能使用的，以免加剧危险；相反，处理此类电池时必须采取极为谨慎和专业的措施，确保安全无虞。

NaS 电池的另一大亮点在于其出色的可扩展性，能够轻松通过并联多个单体电池的方式来实现规模上的扩大（见图 3-34）。这些单体电池各自拥有约 2.1V 的额定电压，其内部结构精妙，由 3 层关键组件自内而外紧密排列：负极活性物质——金属钠、电解质层——β-氧化铝，以及正极——硫。这些组件被精心封装于电池容器之内，形成了一个个独立的储能单元。

当这些单体电池通过巧妙的连接技术组合起来时，便构成了模块电池，也即大容量电池单元。更进一步地，通过有序排列多个模块电池单元，可以构建出规模宏大的 NaS 电池系统，从而满足从小型便携设备到大型储能站等不同应用场景的需求。

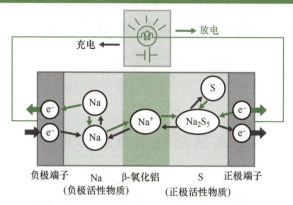

图 3-33　NaS 电池的充放电反应结构

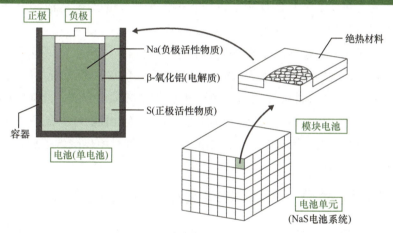

图 3-34　NaS 电池的系统结构

要点

✎NaS 电池循环寿命长，是可使用约 15 年的长寿命电池，且没有记忆效应。

✎因为金属钠或硫化钠与水反应很危险，所以 NaS 电池即使着火也不能使用水基灭火器，在操作时必须注意。

✎将几个电池单元连接起来可成为大容量的模块电池，排列多个装有模块电池的单元就会构成大型的 NaS 电池系统。

第 3 章　可重复使用的电池

在偏远地区活跃的二次电池

▶▶ 为偏远地区引入自然能源贡献力量

NaS 电池不仅在日本本土大放异彩，其足迹更是遍布全球 250 多个国家（数据截至 2022 年 2 月），包括美国、德国、阿拉伯联合酋长国等。这款电池在多种应用场景中均展现出了卓越的性能。近年来，随着以风能和太阳能发电为核心的电源结构（参见 7-1 节）的实现，以及在偏远地区构建的偏远地区电网（微电网）日益受到重视，NaS 电池的作用愈发凸显。

由于风能和太阳能等自然能源受气象条件制约，实现稳定供电成为一大挑战。特别是在系统容量（即电力供应地区的总需求负荷）相对较小的偏远地区，为了维持系统的稳定运行，以往常需依赖柴油发电等输出方式，这无疑限制了自然能源的引入和应用。然而，自 2015 年起，日本岛根县隐岐群岛率先引入了由 NaS 电池和锂离子电池组成的混合储能系统，这一创举不仅降低了成本，提高了系统效率，还显著改善了充放电管理（见图 3-35）。

▶▶ 在地区层面，需求削减策略也开始崭露头角

在需求相对较少的夜间进行充电，而在白天用电高峰时段进行放电，这种需求削减模式正在地区范围内逐步推广。以千叶县柏市的"柏叶智能城市"为例，该项目旨在实现环境共生、健康长寿及新产业的创造，自 2015 年起，该城市便开始了智能电网的正式运行，通过街区间的太阳能发电和二次电池等分散能源的相互融通，实现了日本首个智能电网的落地（见图 3-36）。在此过程中，NaS 电池为分散能源的调整提供了有力支持。

具体而言，在商业区和酒店办公区，由于工作日和休息日的电力需求存在差异，因此可以在这些区域间进行电力融通，从而实现地区级别的需求削减。此外，在灾害发生时，如果系统电源停电，那么分散设置在城市中的发电和储电设备便可以迅速向居民生活必需的设施或设备提供电力，确保居民的基本生活需求得到满足。

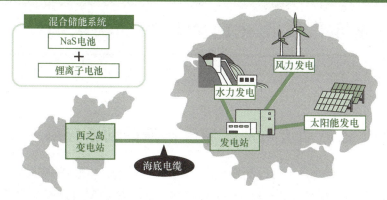

图 3-35　日本岛根县隐岐群岛"离岛·地区项目（示例）"

混合储能系统
NaS电池
＋
锂离子电池

风力发电
水力发电
太阳能发电
西之岛变电站
发电站
海底电缆

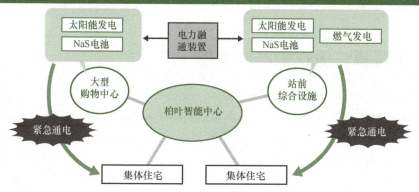

图 3-36　"柏叶智能城市智能电网"示例

太阳能发电
NaS电池
电力融通装置
太阳能发电
NaS电池
燃气发电
大型购物中心
站前综合设施
柏叶智能中心
紧急通电
紧急通电
集体住宅
集体住宅

要点

　　日本岛根县隐岐群岛引入了 NaS 电池和锂离子电池的"混合储能系统"，支持自然能源的引入和运行验证。

　　"柏叶智能城市智能电网"利用 NaS 电池调整分散能源，"智能电网"正在全面投入运行。

　　"智能电网"在灾害停电时，分散设置在城市中的发电和储电设备便可以迅速向居民生活必需的设施或设备提供电力，确保居民的基本生活需求得到满足。

在日本实现实用化的大规模二次电池

▶▶ 氧化还原液流电池：液流电池的创新应用

液流电池，与 NaS 电池并肩作战，已成为大规模蓄电领域的实用化先锋（见图 3-37）。其基本原理于 1974 年在美国首次公布，历经岁月洗礼，终于在 2001 年在日本迎来了实用化的春天。起初，研究聚焦于铁铬液流电池，但随着技术的不断进步，钒系液流电池凭借其卓越的氧化还原反应能效，逐渐占据了主导地位。

▶▶ 电解液：活性物质的载体

液流电池，作为电解液循环的典范，通过溶解两极的活性物质于电解液中，并借助电解液的循环驱动"氧化还原"反应，从而捕获并释放电能。相较于传统的二次电池，液流电池打破了固态活性物质与液态电解液之间的界限。在传统电池中，固态活性物质需溶解于电解液形成离子，或离子析出以完成充放电过程。而在液流电池中，活性物质的金属离子早已悠然自得地游弋于电解液之中，它们以离子的姿态直接参与氧化还原反应，轻松实现充放电的转换。

▶▶ 规模宏大的电池装置

尽管名为电池，液流电池实则是一个庞然大物般的装置。其内部结构复杂而精密，包括装载负极、正极活性物质和电解液的储罐，以及承担电池反应重任的单电池。这些单电池的额定电压为 1.4V，通过串联堆叠的方式形成壮观的电池堆（见图 3-38）。电解液在外置泵的驱动下，在储罐与电池堆之间循环往复，为氧化还原反应的发生提供了源源不断的动力源泉。

图 3-37　氧化还原液流电池的外观

出处：住友电气工业的大规模储能系统"氧化还原液流电池"荣获：2015 年日经优秀产品及服务奖最优秀奖日经产业新闻奖。

图 3-38　氧化还原液流电池的结构

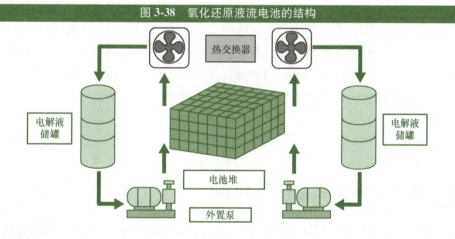

热交换器

电解液储罐

电解液储罐

电池堆

外置泵

要　点

　　✏ 氧化还原液流电池将两极的活性物质溶解在电解质中，通过外部的泵供应该电解质，并利用氧化还原反应获取电能。

　　✏ 由于活性物质的金属离子已经溶解在电解质中，氧化还原液流电池在充放电过程中金属不会析出，而是以离子形式进行反应。

　　✏ 虽被称为电池，但它有两个装有活性物质和电解质的储罐作为两极，包含电池堆、泵等部件，是一个大规模装置。

第 3 章

安全且寿命长，期待普及的二次电池

▶▶ 钒系液流电池：利用多价态钒离子的储能奇迹

钒系液流电池的化学反应机制（见图 3-39），揭示了其独特的储能奥秘。在负极与正极的储罐内，硫酸钒的水合物（$VOSO_4 \cdot nH_2O$）溶解于电解液硫酸之中，形成了富含 +4 价钒离子的溶液。这些溶液在电力的驱动下，发生分解，形成了不同价态的钒离子溶液。

放电之前，负极储罐中静候着 +2 价的钒离子，它们如同蓄势待发的运动员，等待着放电的召唤。一旦放电开始，这些 +2 价的钒离子便勇敢地跃升至 +3 价，完成了从还原态到氧化态的转变。而在正极储罐中，+5 价的钒离子则扮演着还原反应的主角，它们降至 +4 价。充电时，两极的氧化还原反应则逆向进行，让电池重新蓄满能量。电池的化学方程式如下：

负极反应：$V^{2+} \Longleftrightarrow V^{3+} + e^-$

正极反应：$VO_2^+ + 2H^+ + e^- \Longleftrightarrow VO^{2+} + H_2O$

总反应：$V^{2+} + VO_2^+ + 2H^+ \Longleftrightarrow V^{3+} + VO^{2+} + H_2O$

▶▶ 常温下的大规模储能利器

液流电池的魅力在于其反应仅涉及金属价数的变化，这使得其循环寿命在理论上达到了无限可能，溶液可以近乎永久地使用。由于没有气体的产生，其安全性得到了极大的保障。同时，在常温下的反应使得设备劣化减少，寿命可长达 20 年之久。负极与正极的储罐的巧妙分离设计，更是让自放电几乎成为不可能。

美好的事物总是伴随着挑战：钒作为稀有金属之一，其价格不菲，这增加了液流电池的成本，泵的设置与运行成本也是不容忽视的问题。尽管如此，液流电池仍然以其独特的优势赢得了世界的瞩目。

自 2015 年起，日本北海道南早来变电站便引入了世界上最大的液流电池设备，用于储存太阳能发电的电力（见图 3-40）。在美国、比利时、摩洛哥等，液流电池也相继得到了应用。我们有理由相信，在不久的将来，液流电池将会在全球范围内得到更广泛的普及与应用。

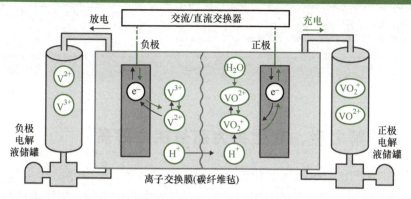

图 3-39   氧化还原液流电池的放电、充电反应原理

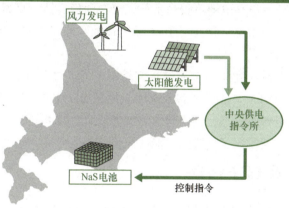

图 3-40   日本北海道南早来变电站的液流电池运行

要点

　🖊️钒系液流电池的反应仅涉及金属价态的变化，所以其循环寿命是无限的，溶液可以近乎永久性使用。

　🖊️钒系液流电池不产生气体，安全性高，设备老化少，寿命达 20 年，且几乎没有自放电现象。

　🖊️不过，钒价格高昂，以及泵的安装和运行成本较高等是需要解决的问题。

未能广泛普及的二次电池

▶▶ 在熔解之后，它化身为高效的电解质

斑马电池，这一镍钠氯化物二次电池的杰出代表，由南非的科茨纳公司于1985年成功研发。它与 NaS 电池同属熔融盐二次电池的范畴，额定电压为 2.4～2.7V，能量密度颇高，曾在潜水艇和电动汽车领域展现过其独特的应用价值（参见 3-16 节）。斑马电池不仅具备长期储存的稳定性、卓越的抗腐蚀性，还拥有较长的循环使用寿命。然而，其高温运行的需求，即在大约 300℃ 下工作，导致了相对较高的成本。

该电池的负极活性物质为金属钠，其熔点约为 98℃；正极活性物质则是氯化镍，熔点高达 1001℃。正极电解液选用了固体氯化铝钠，熔点约为 160℃，而在高温下，它会熔解成液态，承担起电解液的职责。与此同时，β-氧化铝作为固体电解质，还巧妙地发挥了隔膜的功能（见图 3-41）。

▶▶ 支持金属离子移动

放电时，负极活性物质的钠释放电子并氧化成钠离子，通过固体电解质β-氧化铝（见图 3-42）。正极电解液的氯化铝钠帮助正极侧的钠离子移动，使得正极活性物质的氯化镍接受钠离子和电子，通过还原反应转化为氯化钠。充电时，反应过程则相反（见图 3-43），电池的化学方程式如下：

负极反应：$Na \rightleftharpoons Na^+ + e^-$

正极反应：$NiCl_2 + 2Na^+ + 2e^- \rightleftharpoons 2NaCl + Ni$

总反应：$2Na + NiCl_2 \rightleftharpoons 2NaCl + Ni$

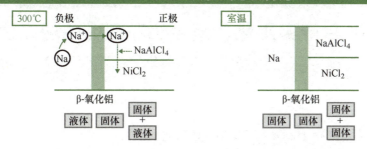

图 3-41　300℃和室温下的斑马电池的状态

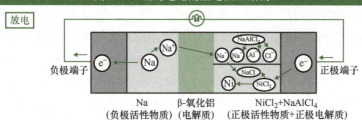

图 3-42　斑马电池的放电反应结构

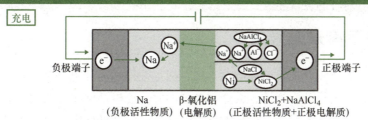

图 3-43　斑马电池的充电反应结构

要点

🖊 斑马电池可长期保存,不易发生腐蚀,循环寿命长。由于其需在高温下运行,成本较高的问题仍然存在。

🖊 斑马电池与 NaS 电池类似,在高温下将固体电解质 β-氧化铝作为熔融盐用于电解质,也是熔融盐二次电池。

🖊 正极电解质氯化钠在电池运行温度为 300℃时熔化,作为电解质发挥作用,有助于钠离子从负极移动。

第
3
章

多次被期待实用化，至今仍在研究中的二次电池

▶▶ 漫长历史中遗留下来的课题

　　锌溴电池使用锌作为负极活性物质、溴或氯等卤素元素作为正极活性物质，它作为液流电池的一种，历史上曾多次尝试实用化，但并未广泛普及，例如，锌溴电池在普法战争（1870~1871 年）中曾被用作照明（见图 3-44）。

　　然而，这种电池存在一些问题，例如，由于锌的枝晶引起短路，以及电解液中的溴被负极的锌自放电等。科学家在后来的研究中，开发了高分子隔膜和将溴以油状形式保存的方法，20 世纪 80 年代，科学家也尝试将其作为电动汽车用电池，但最终未能实现。尽管如此，目前仍有部分研究在进行，近年来，美国开发了不使用隔膜而是使用导电性碳纤维电极的电池，澳大利亚则实用化了使用水基电解液的电池（见图 3-45）。

▶▶ 使用卤素元素溴

　　实用化的锌溴电池与液流电池一样，通过泵输送循环电解液的形式工作。电池的构成包括负极活性物质为镀金属处理的锌、正极活性物质为溶解在有机溶剂中的溴（熔点为-7.2℃）、电解液为溴化锌。在放电过程中，负极活性物质的锌溶解释放电子，正极活性物质的溴转化为溴离子并接收电子。充电时则发生相反的反应。该电池的额定电压为 48V，操作温度范围为 10~50℃，电池的化学方程式如下：

　　负极反应：$Zn \rightleftharpoons Zn^{2+} + 2e^-$

　　正极反应：$Br_2 + 2e^- \rightleftharpoons 2Br^-$

　　总反应：$Zn + Br_2 \rightleftharpoons Zn^{2+} + 2Br^-$

图 3-44　锌溴电池的外观

出处：Redflow 公司 "ZBM3 电池"。

图 3-45　Redflow 公司锌溴电池的放电和充电反应结构

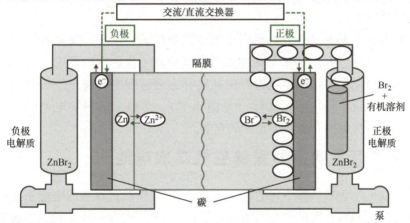

要点

   🖉 锌溴电池虽多次尝试实现实用化，但始终未能广泛普及。

   🖉 锌溴电池具有古老的历史，在普法战争中曾用于照明。然而，它存在锌枝晶和自放电等问题。

   🖉 目前，美国和澳大利亚等国家仍在致力于锌溴电池的实用化开发，它是未来值得期待的电池之一。

可以充电的一次电池

▶▶ 碱性干电池的充电风险

镍氢电池和锂离子电池常以"可充电干电池"的形式与充电器一同销售。相比之下，形状相似的碱性干电池却是一次性产品，不宜充电：充电尝试会导致电解液中的氢氧化钾分解，由于钾离子的强烈离子化特性，它不会以金属形态沉积（见图 3-46），这导致水分被电解，负极产生氢气，正极产生氧气，混合后可能引发剧烈爆炸。同时，气体积聚可能导致电池破裂，而氢氧化钾若接触皮肤，还可能造成烫伤。

银锌电池（参见 2-9 节）曾是小型电池中的流行选择，最初设计为二次电池，服务于导弹、火箭和深海探测船等高端应用。这种电池理论上具备充电能力，但由于过充电引发的水电解产生氧气和充电过程中的枝晶生长（参见 3-12 节）问题，未能广泛应用于实际（见图 3-47）。市面上的银锌电池作为一次电池，缺乏释放气体的功能，因此严禁充电。

▶▶ 正在开发的高容量锌空气二次电池

在一次电池领域，锌空气电池（参见 2-10 节）以其卓越的电能密度脱颖而出，已有日本国内开发的可充电型号可见相关报道。传统一次电池的正极电极多采用活性炭等材料，而新型锌空气二次电池仅使用导电性氧化物陶瓷，实现了技术突破。这种电池采用适合大型化的圆柱形设计，预示着未来实用化的可能，这不仅为一次电池向可充电电池的转变提供了新思路，也为电池技术的进步开辟了新路径。

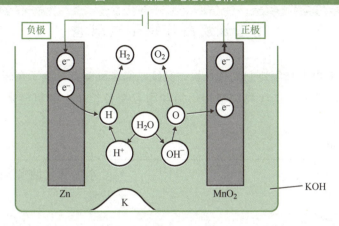

图 3-46　碱性干电池充电情况

负极　　　　　　　　　　　　正极

Zn　　　K　　　MnO₂　　　KOH

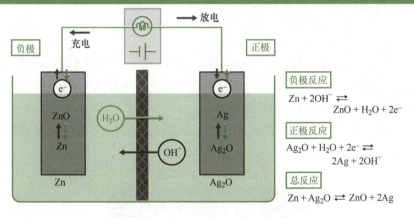

图 3-47　银锌二次电池的放电和充电反应结构

放电
充电

负极　　　　　　　　　　　　正极

ZnO
Zn
H₂O
OH⁻
Ag
Ag₂O

Zn　　　　　　Ag₂O

负极反应
$$Zn + 2OH^- \rightleftharpoons ZnO + H_2O + 2e^-$$

正极反应
$$Ag_2O + H_2O + 2e^- \rightleftharpoons 2Ag + 2OH^-$$

总反应
$$Zn + Ag_2O \rightleftharpoons ZnO + 2Ag$$

要点

　　🖋若对碱性干电池进行充电，水会被电解，负极会产生氢气、正极会产生氧气，极其危险。

　　🖋虽然银锌电池最初是作为二次电池开始研发的，但禁止充电。

　　🖋锌空气电池是一次电池中能量密度最高的，虽然已有可充电类型的开发报告，但仍有待未来进一步发展。

用备长炭制作铝空气电池

在 1000℃ 以上高温烧制的备长炭，其碳结晶排列整齐，电子在碳层之间容易移动，导电性良好。这次我们就用铝箔和附着在备长炭上的氧气来制作空气电池（参见 2-10 节）。

所需物品

- 备长炭
- 铝箔
- 厨房纸巾
- 实验用电子音乐盒（或实验用小型发光二极管）

- 盐水（氯化钠水溶液）
- 导线

制作方法如下：

① 在锅中烧开水，加入适量盐制成较浓的盐水，待冷却后将厨房纸巾浸入其中。然后将浸有盐水的厨房纸巾缠绕在备长炭上，再在其上面缠绕铝箔。此时要注意确保铝箔不与备长炭直接接触。

② 用导线将实验用电子音乐盒的负极连接到备长炭上、正极连接到铝箔上，然后看看是否会发出声音。

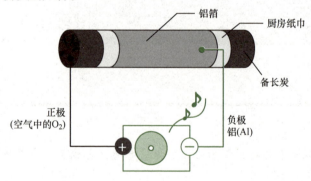

彻底改变我们生活的电池

~锂离子电池及同类电池~

选择不使用金属锂

▶▶ **锂离子电池（LIB）的崛起，从便携设备到电动汽车**

锂离子电池（其发明者荣获 2019 年诺贝尔化学奖）已成为我们生活中不可或缺的电源，自 1991 年在日本首次商业化以来，它不仅推动了智能手机和笔记本电脑的小型化，而且在电动汽车领域扮演着越来越重要的角色（见图 4-1）。

▶▶ **早期的二次电池探索中，金属锂的使用**

在 20 世纪 50 年代，不可充电的锂一次电池就开始使用金属锂作为负极（参见 2-11 节）。随后，20 世纪 70 年代，美国开始研究开发可充电的二次电池，到了 1987 年，加拿大以二硫化钼锂电池的形式实现商业化，主要用于移动电话。然而，这些电池因为使用金属锂作为负极，产生了枝晶（参见 3-12 节），并引发了起火事故，未能广泛普及。

▶▶ **锂离子电池的创新：告别金属锂**

面对枝晶问题，科研人员选择了一条新路——不使用金属锂，而是转向锂离子（见图 4-2）：借鉴镍氢电池（参见 3-13 节）中贮氢合金间隙中氢气的吸附特性，锂离子电池通过使用具有容纳锂离子间隙的材料作为负极活性物质，实现了锂离子的吸附。这种方法避免了使用具有最大离子化倾向的金属锂（参见 2-11 节），从而解决了与水的剧烈反应导致的起火问题，以及充电时枝晶短路的问题，开启了电池技术的新篇章。

图 4-1 改变生活的锂离子电池

笔记本电脑　智能手机　平板电脑　移动电池

家用机器人　工业机器人　可再生能源存储
锂离子电池的应用实例

便携式游戏机　电动汽车

锂离子电池的应用案例

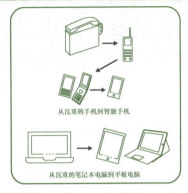

从沉重的手机到智能手机

从沉重的笔记本电脑到平板电脑

➡ 让生活更方便!

图 4-2 锂系电池

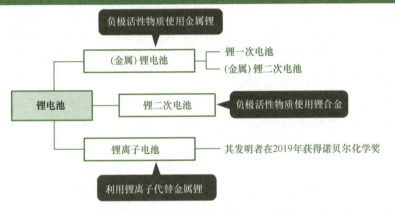

负极活性物质使用金属锂

(金属)锂电池 —— 锂一次电池
　　　　　　　 (金属)锂二次电池

锂电池 —— 锂二次电池 —— 负极活性物质使用锂合金

锂离子电池 —— 其发明者在2019年获得诺贝尔化学奖

利用锂离子代替金属锂

要点

📝 在二次电池中,锂离子电池是实现 2050 年碳中和目标的关键,也是电动汽车领域最重要的技术。

📝 曾经有使用金属锂的二次电池实现商品化,但因枝晶引发的起火事故,未能得到普及。

📝 锂离子电池的理念始于不使用存在安全问题的金属锂作为电极,而是采用能够吸附锂离子的材料作为电极。

锂离子电池的诞生

▶▶ **锂离子电池的革新纪元：石墨作为负极材料的里程碑选择**

在锂离子电池的辉煌发展历程中，石墨作为负极活性材料的明智选择，无疑是一个具有划时代意义的转折点。这一决策于 1981 年在日本公布，并被公认为是锂离子电池取得巨大成功的重要因素。石墨，这一由纯碳元素构成的神奇矿物，凭借其独一无二的层状结构（见图 4-3）而崭露头角。在这种结构中，碳原子以完美的六角形阵列排列，进而构筑成层层相叠的板状晶体。这些层与层之间的相互作用力相对微弱，为锂离子的自由穿梭提供了理想的场所，而石墨的基本晶体框架则在这一过程中稳如磐石。这种在晶体结构间隙中可逆地吸附与释放原子或离子的独特机制，被科学地称为插层反应。

在锂离子电池内部，锂离子的吸附过程巧妙地借助了插层反应。当一个锂离子成功嵌入由六个碳原子环绕的六角形晶格之中时，这一过程可以用以下的化学方程式来精妙地描绘：

$$6C + Li^+ + e^- \rightarrow LiC_6$$

锂离子的这一嵌入动作，标志着电池充电任务的圆满达成。

▶▶ **钴酸锂的发现与锂离子电池的诞生传奇**

在正极活性材料的选择上，钴酸锂以其卓越的性能脱颖而出，成为当今最为广泛应用的材料之一。这一令人瞩目的发现，归功于英国科学家约翰·班尼斯特·古迪纳夫与日本科学家水岛公一的携手合作，他们在 1980 年共同揭开了钴酸锂的神秘面纱。随后，以石墨为负极、钴酸锂为正极的钴酸锂电池（LCO）由日本科学家吉野彰等人于 1985 年成功申请专利，并在 1991 年在日本首次实现全球范围内的商业化应用，这一配置至今仍被视为锂离子电池的典范（见图 4-4）。这一创举不仅极大地推动了锂离子电池技术的飞跃发展，更为现代电子设备的小型化及电动汽车行业的崛起奠定了坚实的基础。

图 4-3　石墨晶体结构

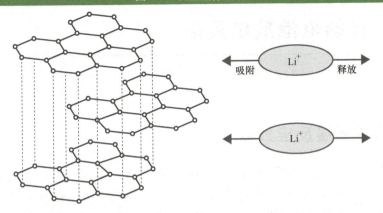

图 4-4　1991 年发售的世界上首款锂离子电池

来源：*EE Times Japan* "索尼将电池业务转让给村田制作所"。

要点

✎ 被选为吸附锂离子的材料是石墨，锂离子能够在其晶体面和表面之间进行吸附和释放，这一过程被称为插层反应。

✎ 当使用石墨时，从原理上讲，在由 6 个碳原子组成的六角形晶格中会储存 1 个锂离子。

✎ 负极活性物质采用石墨、正极采用钴酸锂的锂离子电池，于 1991 年在日本首次成功实现商品化。

划时代的电池放电反应

▶▶ 通过插层反应放电

在锂离子电池里，借助锂离子的插层反应来开展氧化还原反应，以此达成充放电过程。如图 4-5 所示，放电之际，负极活性物质中所存储的锂离子会同电子一道释放并被氧化成锂离子（发生氧化反应）。移动至正极侧的锂离子会被正极活性物质所吸收，且接收经由导线移动过来的电子从而进行还原（发生还原反应）。

▶▶ 钴酸锂电池的放电反应

将石墨当作负极活性物质、把钴酸锂（$LiCoO_2$）作为正极活性物质的钴酸锂电池，其电池反应过程如图 4-6 所示。

原则上，一个锂离子会被存储在六个碳原子之中，不过在实际情况里，并非全部的碳六角晶格都会存储锂离子。我们假定负极活性物质石墨在预先充电时，每六个碳原子中存储了 n 个锂离子。放电时，所存储的 n 个锂离子与电子被释放（发生氧化反应）。需要留意，n 是处于 0~1 的一个数值。移动到正极的 n 个锂离子会被正极活性物质钴酸锂吸收，并接收通过导线移动的电子（发生还原反应）。正极的钴酸锂在预先充电时处于缺少 n 个锂离子的状态，故而表示为 $Li_{1-n}CoO_2$。电池的化学方程式如下：

负极反应：$Li_nC_6 \rightarrow 6C + nLi^+ + ne^-$

正极反应：$ne^- + nLi^+ + Li_{1-n}CoO_2 \rightarrow LiCoO_2$

总反应：$Li_nC_6 + Li_{1-n}CoO_2 \rightarrow 6C + LiCoO_2$

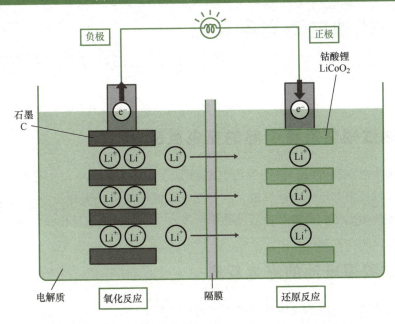

图 4-5　钴酸锂离子电池的放电反应结构

负极　　正极

钴酸锂
LiCoO₂

石墨
C

e⁻　　e⁻

Li⁺ Li⁺　Li⁺ → 　Li⁺

Li⁺ Li⁺　Li⁺ → 　Li⁺

Li⁺ Li⁺　Li⁺ → 　Li⁺

电解质　氧化反应　　隔膜　还原反应

图 4-6　放电反应前后的锂离子

	负极	正极
放电前(充电结束后)	n个	$(1-n)$个
	Li_nC_6	$Li_{(1-n)}CoO_2$
放电结束后	0个	1个
	$6C$	$LiCoO_2$

$0<n<1$

要点

✎锂离子电池通过锂离子的插层反应所引起的氧化还原反应来实现充放电。

✎放电时，原本存储在负极活性物质中的锂会与电子一起释放出来，变成锂离子并被氧化。

✎从电解质中向正极移动的锂离子，会被正极活性物质吸收，并接收电子而被还原。

划时代的电池充电反应

▶▶ 通过插层反应引起的充电反应

锂离子电池充电时，会产生与放电相反的反应（见图4-7）。正极活性物质中所存储的锂会与电子一同释放，进而氧化形成锂离子（氧化反应）。这些移动到负极侧的锂离子，会被负极活性物质所吸收，同时接收通过导线传输过来的电子，从而发生还原反应。

▶▶ 钴酸锂电池的充电反应

钴酸锂离子电池的充电反应如下（见图4-8）：

正极反应：$LiCoO_2 \rightarrow ne^- + nLi^+ + Li_{1-n}CoO_2$

负极反应：$6C + nLi^+ + ne^- \rightarrow Li_nC_6$

总反应：$6C + LiCoO_2 \rightarrow Li_nC_6 + Li_{1-n}CoO_2$

正极活性物质钴酸锂里所存储的 n 个锂离子和电子会被释放（氧化反应）⊖。当 n 个锂离子被释放后，钴酸锂会剩余（$1-n$）个锂离子。而移动到负极的 n 个锂离子则会被负极活性物质石墨所吸收，并接收经导线而来的电子，产生还原反应。

▶▶ 离子的往返

在锂离子插层反应进程中，仅依靠离子来回移动，金属锂不会产生，如此便不存在枝晶问题（参见4-1节），使得安全性得到增强。与此同时，电极溶解与析出的现象也不会伴随出现，这让充放电效率获得提升，并且不会产生记忆效应（参见3-5节）。像锂离子电池这样，借助离子往返达成充放电的电池，以类似"摇椅"的运动模式，而被称为摇椅式电池。

⊖ 在锂离子电池的正极材料钴酸锂（$LiCoO_2$）中，n 个锂离子和电子被释放的过程描述了电池的充电反应。这里的 n 指的是每个钴酸锂晶格结构中可以脱嵌的锂离子的最大数量。当 n 个锂离子从钴酸锂晶格中脱出时，剩余的锂离子数量可以用 $1-n$ 来表示，这里的 1 实际上是指钴酸锂晶格中初始时每个晶胞能够容纳的锂离子的总数。——译者注

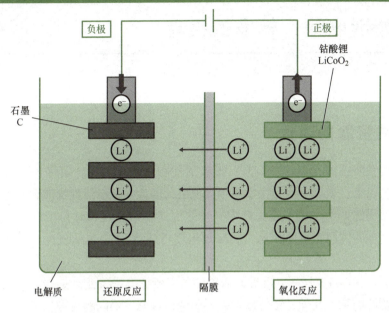

图 4-7　钴酸锂离子电池的充电反应结构

负极　　　　　　　　　　　　正极

钴酸锂
$LiCoO_2$

石墨
C

e^-　　　　　e^-

Li^+　　　　　Li^+　　Li^+　Li^+

Li^+　　　　　Li^+　　Li^+　Li^+

Li^+　　　　　Li^+　　Li^+　Li^+

电解质　　还原反应　　　隔膜　　氧化反应

图 4-8　充电反应前后的锂离子

	负极	正极
充电前(放电结束后)	0个	1个
	6C	$LiCoO_2$
充电结束后	n个	$(1-n)$个
	Li_nC_6	$Li_{(1-n)}CoO_2$

$0 < n < 1$

第
4
章

要点

🖊 锂离子电池充电时,正极活性物质中的锂被氧化成为锂离子,在电解质中移动而还原为负极活性物质。

🖊 在锂离子插层反应中,不仅没有枝晶的问题,而且充放电的效率也良好,也不会引起记忆效应。

🖊 将锂离子电池那样通过离子往返充放电的电池比喻为"摇椅"的动作,称为摇椅式电池。

钴酸锂电池：标准的强者

▶▶ 钴资源的隐忧

作为钴酸锂离子电池（LCO）正极活性物质使用的钴，属于昂贵的稀有金属。长久以来，人们一直在探索采用其他更为廉价的正极活性物质，不过到目前为止，钴仍然处于主流地位。其中一个原因是，钴酸锂相对易于制造且方便处理。与后续的锂离子电池相比，其额定电压可达 3.7V，电压较高，性能也较为优越。

然而，如图 4-9 所示，能够开采钴的国家较为有限，尤其是一些被指责存在环境问题的国家。此外，钴的储量并不明确，资源枯竭问题也越发突出，但当下仍在继续使用。

▶▶ 钴酸锂电池的优劣剖析

锂离子电池的优点在钴酸锂离子电池上有着明显的体现。首先，由于锂具有较大的离子化倾向，相较于其他二次电池，其电压更高、容量更大（见图 4-10）。使用锂能够极大地提升能量密度，有利于制造出重量较轻的产品。其自放电较小、循环寿命较长，因此可以进行多次反复的充放电操作。由于不使用有害的重金属，对环境的压力也相对较小。如同锂一次电池那样，其电解液采用有机溶剂，这使得它能够在低于冰点的低温环境下正常使用（参见 2-11 节）。

从另一方面来看，在过充放电的情况下，因为钴系晶体具有易于变形的层状岩石盐结构，内部材料会出现劣化现象，从而导致性能显著下降。在高温环境中，电解液里的有机溶剂会分解产生气体，存在起火的隐患。所以，电动汽车的电池一般不会选用钴酸锂离子电池。为了预防起火事故的发生，隔膜往往需要叠加多层聚合物或者采用无机材料等，这也致使成本有所增加。

图 4-9　全球钴储量（单位：t）

美国23000 0.3%
南非29000 0.4%
巴布亚新几内亚51000 0.7%
马达加斯加150000 2.1%
俄罗斯250000 3.5%
加拿大250000 3.5%
赞比亚270000 3.8%
菲律宾280000 4.0%
古巴500000 7.1%
其他 560000 7.9%
刚果(金) 3500000 49.6%
澳大利亚 1200000 17.0%

出处：日本贸易振兴机构（JETRO）"中国电动汽车转型面临的钴供应问题"。

图 4-10　二次电池的能量密度

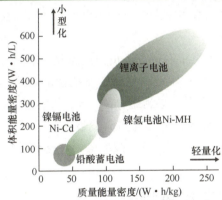

出处：日本国立研究开发法人新能源和产业技术综合开发机构（NEDO）"以颠覆常识的想法开发创新型锂离子电池·东芝株式会社"。

要点

✎ 关于钴开采，存在对某些国家的环境和人权问题的指责，资源枯竭问题也日益凸显，钴的使用面临许多挑战。

✎ 钴酸锂电池具有高电压、大容量、高能量密度、低自放电率和长循环寿命等诸多优点。

✎ 然而，它们也存在一些缺点，如对过充放电敏感、在高温下存在起火风险，为了防止起火事故，设计成本会相应增加。

锂离子电池的形状与用途

▶▶ 低成本、高容量的圆柱形锂离子电池

锂离子电池在不同的应用场景中"化身"为圆柱形、方形、叠层形等多种模样，而且一直在向着小型化、轻量化的方向努力"进化"。这其中，圆柱形锂离子电池可是成本控制的"小能手"，能达到相当高的容量。早在1991年，首次量产的锂离子电池就采用了圆柱形设计，如今它在笔记本电脑里默默助力运算，在家用电器中稳定运行，在电动助力自行车上提供动力，在电动汽车领域也是不可或缺的重要组成部分。

钴酸锂离子电池的构造很有讲究，负极是涂覆了碳的薄铜箔，就像是给铜箔披上了一层特殊的"碳衣"；正极则是涂覆钴酸锂的薄铝箔，以及涂覆了有机溶剂电解液的隔膜。这几个部件巧妙地组合在一起，被卷绕成螺旋形状（见图4-11）。为了防止电池内部因为温度和压力升高而"发脾气"导致破裂事故，它和镍氢电池（参见3-13节、3-14节）一样，都配备了气体排放阀，就像是给电池安装了一个"安全阀"。

▶▶ 多样的形状和应用场景

方形电池虽然也是锂离子电池家族的一员，但它走的是轻薄路线，在智能手机、移动音乐播放器、数码相机、便携式游戏机等设备里大显身手。和圆柱形电池那硬邦邦的铁制外壳不同，方形电池偏爱铝制外壳，看起来更加精致（见图4-12）。

如果把方形铝罐比作传统的"容器"，那么层压薄膜的叠层形电池就是创新的"新瓶"。有一种聚合物状电池，它把液体电解液封装在薄膜之中，就像给电解液穿上了一层"防护服"，彻底杜绝了漏液的风险（参见4-12节）。叠层形电池薄且轻，制造成本也相对较低。它还有个厉害之处，就是相对重量而言，表面积比较大，散热性能超棒，能够有效避免电池变成"小火炉"（温度过高）。所以，无人机在空中翱翔、电动摩托车在道路驰骋、无人搬运车在场地穿梭，都离不开它的默默支持。

为助听器、无线耳机、智能手环等小物件量身定制的纽扣形和针形电池越来越

多，锂离子电池的"势力范围"也在不断扩大，几乎渗透到了我们生活的方方面面。

图 4-11　圆柱形钴酸锂离子电池示意图

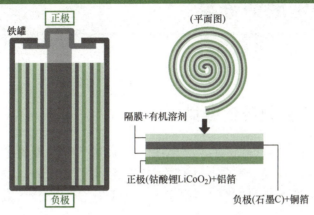

图 4-12　叠层形钴酸锂离子电池示意图

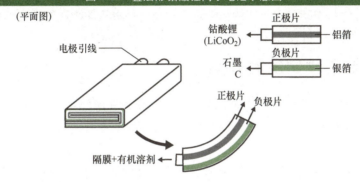

要点

🖋锂离子电池根据不同用途，有圆柱形、方形、叠层形、纽扣形、针形等多种形式。

🖋圆柱形电池成本最低，能够获得最高的容量。1991 年首次量产的锂离子电池也是圆柱形的。

🖋叠层形电池则是用层压薄膜代替了方形电池中的铝壳，电解液有液态和聚合物状两种。

锂离子电池的分类

▶▶ 负极活性物质的分类

　　除了我们前面提到的钴酸锂离子电池，还有不少其他类型的锂离子电池已经在实际应用中崭露头角。这些电池在选择负极活性物质的时候，大多都对石墨青睐有加，因为石墨就像是一个"锂离子吸附大师"，能够吸附大量的锂离子（见图4-13）。

　　不过，这几年，钛酸锂作为一颗"潜力新星"，开始挑战石墨的地位，被当作石墨的替代品重新进入人们的视野，以它作为负极活性物质的锂离子电池也已经开始在市场上发挥作用了。

▶▶ 正极活性物质的分类

　　正极活性物质可是有"特殊要求"的，它得能在电池组装的时候自给自足，不需要从外部额外补充锂离子，像钴酸锂这种本身就含有锂离子的物质就符合这个条件。

　　要是按照正极活性物质来给锂离子电池分类的话，那就有钴系、锰系、磷酸系、三元系（NCM系或NMC系）、镍系（NCA系）这几个"门派"（见图4-14）。这些电池在负极活性物质上基本都选择了石墨这个"老搭档"。

　　这里面，钴系因为前述的原料昂贵等原因（参见4-5节）不太适合车载用途，而其他几个"门派"，可以说都是为了在汽车领域大展拳脚而专门研发的。锰系的代表就是锰酸锂，磷酸系的代表则是磷酸铁锂。

　　说到三元系，它就像是一个"合金战士"，把钴酸锂中的部分钴替换成了镍和锰，由这三种金属元素强强联手组成了一种相对新颖的复合材料。镍系（NCA系）是以镍酸锂中的镍为基础，以钴置换了部分镍，并添加铝之后，由这三种金属元素构成的复合材料。

图 4-13　负极活性物质分类

```
                    ┌── 碳材料系 ── 石墨
锂离子电池 ──┤
                    └── 钛系 ── 钛酸锂Li₄Ti₅O₁₂
```

图 4-14　正极活性物质分类

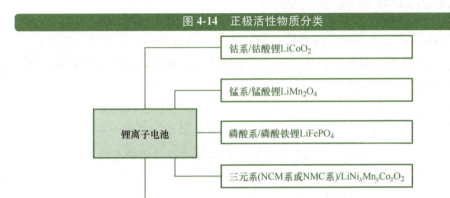

```
              ┌── 钴系/钴酸锂LiCoO₂
              │
              ├── 锰系/锰酸锂LiMn₂O₄
              │
锂离子电池 ──┤── 磷酸系/磷酸铁锂LiFePO₄
              │
              ├── 三元系(NCM系或NMC系)/LiNiₓMnᵧCo_zO₂
              │
              └── 镍系(NCA系)/LiNiₓCoᵧAlₓO₂
```

要点

🖊 如果按负极活性物质对锂离子电池进行分类，可以分为石墨和钛酸锂两种。

🖊 锂离子电池的正极活性物质需要含有锂离子，这样就不需要从外部供应锂离子。

🖊 按正极活性物质对锂离子电池进行分类，可以分为钴系、锰系、磷酸系、三元系（NCM 系或 NMC 系）、镍系（NCA 系）。

无钴锂离子电池

▶▶ 无钴且价格低廉的魅力

锰酸锂离子电池（LMO）选用石墨当作负极活性物质、锰酸锂（$LiMn_2O_4$）作为正极活性物质。钴酸锂固然出色，可钴自身存在不少麻烦事（参见4-5节），于是乎，无钴锂离子电池应运而生，研发出的锰酸锂离子电池虽说比不上钴酸锂离子电池，但也具备高电压、高容量的特性。再者，正极活性物质不含钴，主要原料锰价格亲民，对环境也很友好，制造成本自然就比较低啦（见图4-15）。不过，与钴酸锂离子电池相比，它在能量密度和循环寿命方面确实稍逊一筹。电池的化学方程式如下：

负极反应：$Li_xC_6 \rightleftharpoons 6C + x\,Li^+ + xe^-$

正极反应：$Li_{1-x}Mn_2O_4 + xLi^+ + xe^- \rightleftharpoons LiMn_2O_4$

总反应：$Li_xC_6 + Li_{1-x}Mn_2O_4 \rightleftharpoons 6C + LiMn_2O_4$

▶▶ 不易变形的尖晶石型晶体结构

把锰酸锂用作正极活性物质，有个显著特点，那就是它的晶体结构属于坚固的尖晶石型，所以有着相当高的热稳定性（见图4-16）。例如，钴酸锂的晶体是那种容易变形的层状岩石盐结构，在锂离子的插层反应里，反复充放电的话，就会出现无法继续充放电的情况。

而尖晶石型结构在插层反应时不会变形，对过充放电有很强的耐受性。正因为如此，它能够实现快速充放电，已经被电动汽车当作车载电池来使用了。但要是在高温环境下反复充放电，锰容易溶解，就会有容量劣化及因氧气释放引发起火事故的风险（参见4-9节）。

图 4-15 锰在日本的平均进出口价格走势

（单位：美元/吨）

			2010	2011	2012	2013	2014	2015	2016	2017	2018	2019
原料	矿石	进口	344	299	237	244	220	162	146	321	323	299
		出口	264	—	—	—	—	—	—	—	74	—
材料	金属锰（包含碎屑）	进口	3014	3701	3157	2410	2277	1985	1594	2024	2282	2098
		出口	26144	31273	12833	12538	26798	36431	18170	17814	52864	37706
	二氧化锰	进口	1803	1986	2206	2106	2088	2052	2000	2231	2463	2478
		出口	2125	2318	2306	2208	2140	2143	1769	2040	2111	2153

出处：作者根据日本财务省的"财务省贸易统计"为基础制作。

图 4-16　锰酸锂晶体的尖晶石型结构

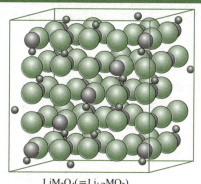

$LiM_2O_4(=Li_{1/2}MO_2)$
（M在这里是Mn）
Li/M=0.5
※各自意味着以下内容：

 ＝O　　＝M　　＝Li

出处：*ITmedia NEWS* 的"锂离子充电电池正极材料钴减少 $\frac{1}{3}$"。

> ## 要点
>
> 　　锰酸锂离子电池具有高电压、高容量，原材料便宜且对环境友好，制造过程也相对简单。然而，与钴酸锂离子电池相比，其能量密度和循环寿命较低。
>
> 　　锰酸锂具有坚固的尖晶石型晶体结构，因此不会因为插层反应而发生变形，具有高热稳定性。
>
> 　　在高温下反复进行充放电时，锰容易溶解出来，导致电容量衰减和因氧气释放引发的起火事故风险。

第4章

被全球电动汽车制造商选中的锂离子电池

▶▶ 具有高安全性的橄榄石型结构

磷酸铁锂离子电池（LFP），其负极活性物质是石墨、正极活性物质则为磷酸铁锂（$LiFePO_4$）。

正极活性物质磷酸铁锂最大的优点就在于，它有着由氧和磷强力结合而成的橄榄石型晶体结构（见图 4-17），不会因锂的插层反应而出现晶体变形，这就使得电动汽车所需的快速充放电得以实现，自放电极小，可以长时间存放，循环寿命也比较长。另外，由于不会释放出容易引发火灾的氧气，与更容易使含氧原子分离从而导致燃烧或爆炸的锰系（参见 4-8 节）相比，电池的热稳定性要高得多。

最为关键的是，其主要原料的铁和磷比锰系更便宜，也不存在资源枯竭或者环境方面的问题，这就是它极具吸引力的优点。电池的化学方程式如下：

负极反应：$Li_xC_6 \Longleftrightarrow 6C + xLi^+ + xe^-$

正极反应：$Li_{1-x}FePO_4 + xLi^+ + xe^- \Longleftrightarrow LiFePO_4$

总反应：$Li_xC_6 + Li_{1-x}FePO_4 \Longleftrightarrow 6C + LiFePO_4$

▶▶ 因一些知名公司的采用而备受关注

话说回来，磷酸铁锂离子电池也有电压和能量密度较低的不足。因为磷酸铁锂的导电性较差，被认为不太适合那些需要瞬间大功率的电动汽车。

但是，经过研发，通过对活性物质进行微粉化处理及用碳粉覆盖等手段，能量密度的问题已经得到了改善。此外，添加了其他金属进行改良后的产品被美国特斯拉公司生产的电动汽车所采用，让其一下子成了热门话题，在全球范围内都受到了广泛关注（见图 4-18）。

图 4-17　磷酸铁锂离子电池的橄榄石型晶体结构

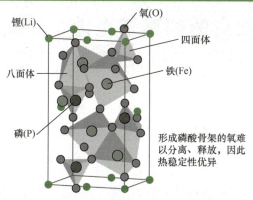

出处：白石拓《最新二次电池完全解读》（日本技术评论社，2020 年）第 161 页。

图 4-18　磷酸铁锂离子在电动汽车中的应用实例

出处：TESMANIAN "车主手册提示，带结构电池的特斯拉 Model Y 电动汽车可能已投入生产"。

要点

✏ 正极使用的磷酸铁锂具有橄榄石型晶体结构，不会因锂离子的插层反应而发生晶体变形，因此能够实现快速充放电。

✏ 不像锰系电池那样会释放出导致起火的氧气，因此电池的热稳定性高、安全性好。

✏ 尽管磷酸铁锂电池曾被认为不适合用于电动汽车，但经过改进后，已被美国特斯拉公司生产的电动汽车所采用，引起了广泛关注。

弥补钴系缺点的锂离子电池

▶▶ 三种混合增强性能

　　三元系（NCM 系或 NMC 系）锂离子电池，是指负极活性物质采用石墨、正极活性物质使用名为"锂镍钴锰复合氧化物"的三元系材料的电池。

　　锂镍钴锰复合氧化物（$LiNi_xCo_yMn_zO_2$）是把钴酸锂（$LiCoO_2$）里的部分钴替换成镍和锰，如此一来，其性能得到了增强（见图 4-19）。

　　镍、钴、锰这三种元素，各自都能和锂进行插层反应，不过它们也都有各自的缺陷。于是，通过将三种元素混合，就产生了能够相互弥补不足的三元系材料。目前，各种元素的比例还处于研发探讨阶段，不同的比例会带来略有差异的性能，这里就用 x、y、z 来表示三种混合的比例。

　　三元系里包含的锰是以 +4 价的锰离子状态存在的，它不参与锂离子的插层反应，主要在材料里起到维持晶格的作用。在三元系的锂插层反应中，主要是锂和镍发生氧化还原反应，不像锰酸锂离子电池那样与锰产生反应。

▶▶ 改善钴系问题

　　三元系的晶体结构是层状岩盐结构，但根据元素比例的不同，可以获得更稳定且不易变形的结构。将这种三元系用作正极的三元系锂离子电池在热稳定性方面表现出色，循环寿命也较长，已被应用于混合动力汽车和部分电动汽车（见图 4-20）。

　　然而，有专家指出其在过充电或物理冲击下存在短路的风险。

图 4-19　含镍电池与不含镍电池能量密度的比较

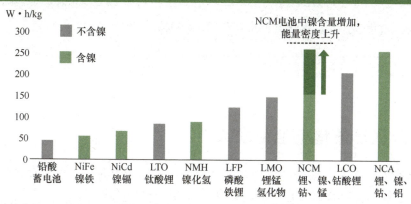

出处：日本镍协会"镍与电池的关系"。

图 4-20　镍、钴、锂的价格变化趋势

<镍>
过去3年的镍价格
主要用途为特殊钢(不锈钢)、锂离子电池(正极材料)、磁性材料(扬声器、监视器等)

<钴>
过去3年的钴价格
主要用途为锂离子电池(正极材料)、超级合金(涡轮叶片)

<锂>
过去3年的锂价格
主要用途为锂离子电池、玻璃用添加剂

出处：日本经济产业省"增强蓄电池产业竞争力"。

要　点

✎　三元系锂离子电池定义：三元系锂离子电池是一种二次电池，其正极使用了被称为"锂镍钴锰复合氧化物"的三元系材料。

✎　结晶结构的特点：三元系的晶体结构为层状岩盐结构，通过调整元素的比例，可以实现结构的稳定化，使其不易变形。

✎　性能优势：三元系锂离子电池具有优异的热稳定性和较长的循环寿命，因此被广泛应用于混合动力汽车和部分电动汽车。

弥补镍系缺点的锂离子电池

▶▶ 改进镍酸锂电池的缺点

镍系（NCA 系）锂离子电池，其负极活性物质为石墨，正极活性物质则是名为"锂镍钴铝复合氧化物"的镍系（NCA 系）材料。

在探寻无钴正极材料的道路上，人类研发出了使用氧化镍酸锂（$LiNiO_2$）的镍酸锂电池。这种电池具备低成本、大容量的特性，然而其循环寿命较短，充电时热稳定性欠佳。

为改善这些缺陷，将部分镍替换成钴，并添加铝以提升耐热性，这就有了被称为镍系的材料（$LiNi_xCo_yAl_zO_2$）（见图 4-21）。元素比例的不同会使性能产生些许差异，这里用 x、y、z 来表示其比例。

在此，铝并不作为活性物质参与锂离子的插层反应，所以添加铝会使正极容量降低，不过钴的补充能够弥补这一不足。在镍系中，构成元素的比例对正极性能影响重大，人们也一直在探寻、研究最佳比例。

▶▶ 被重视续驶里程的车辆采用的原因

镍系具有层状岩盐结构，通过对元素比例加以调整，能够获得稳定性高且抗变形能力强的结构。采用这种正极的镍系锂离子电池具备高热稳定性、高容量、长循环寿命及高能量密度等优点（见图 4-22）。

鉴于安全性得以保障，镍系锂离子电池被应用于重视续驶里程的插电式混合动力汽车之中。

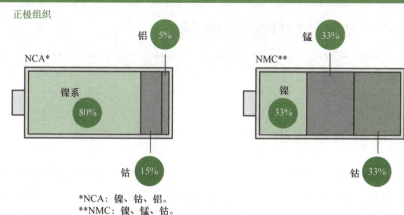

图 4-21　镍系和三元系（材料）构成成分的示例

正极组织

NCA*

铝 5%

镍系 80%

钴 15%

NMC**

锰 33%

镍 33%

钴 33%

*NCA：镍、钴、铝。
**NMC：镍、锰、钴。

出处：日本镍协会"镍与电池的关系"。

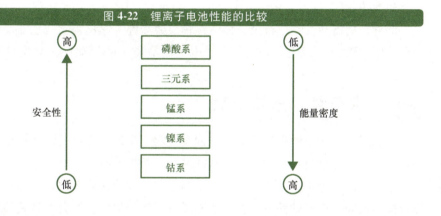

图 4-22　锂离子电池性能的比较

高

磷酸系

三元系

锰系

镍系

钴系

低

安全性

低

能量密度

高

要点

✎ 镍系锂离子电池定义：镍系锂离子电池是一种二次电池，其正极使用了被称为锂镍钴铝复合氧化物的镍系材料。

✎ 结晶结构优势：镍系材料具有层状岩盐结构，通过调整元素的比例，可以获得高稳定性和抗变形能力强的结构。

✎ 性能特点：由于具有高热稳定性、高容量、长循环寿命和高能量密度的特点，镍系锂离子电池被用于插电式混合动力汽车。

第4章

139

第 4 章　彻底改变我们生活的电池

被叠层保护的锂离子电池

▶▶ 使电解液凝胶化

　　锂离子聚合物电池（凝胶聚合物二次电池）是把有机溶剂电解液包含在多孔聚合物（高分子链状或网状结构的分子）中，使其呈凝胶状的产品（见图4-23）。即便呈凝胶状，电解液的离子导电率与液态时几乎相同。这种凝胶状电解液还兼具隔膜的功能。电极材料和电池反应机制，与使用相同电极材料和电解液的锂离子电池大体相同。

　　此外，负极活性物质锌及正极活性物质钴酸锂等锂化合物，也被混入凝胶状高分子电解液中并固化。如此一来，电极内锂离子的移动性和导电性都得到了提升。

▶▶ 严密包装，预防事故

　　锂离子聚合物电池据说拥有传统同类锂离子电池1.5倍的能量密度。它不仅轻便、纤薄，还能被加工成任意形状的产品，柔韧性极佳，能够弯曲。

　　同时，由于电解液处于准固态，不易泄漏，被严密地多层包裹在铝和合成树脂等层压薄膜之中，即便万一发生泄漏或有气体产生，也不会有破裂的危险（见图4-24）。因此，它安全性颇高，被应用于智能手机及部分电动汽车。

　　不过，依据不同用途，这类电池需要特定的定制化设计和管理，也就很难转用于其他用途，当然制造成本也较高。

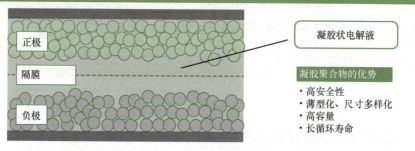

图 4-23 凝胶聚合物的结构

正极

隔膜

负极

凝胶状电解液

凝胶聚合物的优势
· 高安全性
· 薄型化、尺寸多样化
· 高容量
· 长循环寿命

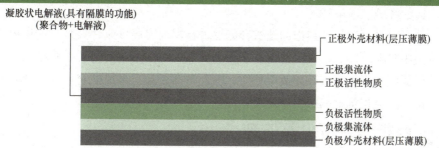

图 4-24 锂离子聚合物电池的基本结构

凝胶状电解液(具有隔膜的功能)
(聚合物+电解液)

正极外壳材料(层压薄膜)
正极集流体
正极活性物质
负极活性物质
负极集流体
负极外壳材料(层压薄膜)

要 点

✏ 锂离子聚合物电池的形状为叠层形,其电极材料和电池反应机制基本与其他锂离子电池相同。

✏ 锂离子聚合物电池的电解液被凝胶化,处于准固体状态,不易泄漏,并且被严密的多层层压薄膜所包裹。

✏ 锂离子聚合物电池安全性高,已被部分电动汽车采用。但根据不同用途,需要进行专门的设计和管理,难以转用于其他用途,因此制造成本较高。

使用非石墨负极活性物质的锂离子电池

▶▶ 重新评估的钛酸锂

大多数锂离子电池的负极活性物质会选用石墨（参见 4-2 节），但也出现了使用钛酸锂的二次电池。

具有尖晶石型晶体结构的钛酸锂能够进行锂的插层反应，只是当作负极活性物质使用时电压偏低，所以此前并未受到太多关注。不过，因其晶格稳固，不会因插层反应而产生变形，充放电稳定，循环寿命较长，再加上它几乎不会有金属锂析出，无需担忧枝晶的出现。

▶▶ 两极都使用尖晶石型

在钛酸系锂离子电池（LTO）中，2008 年在日本实现商品化的 SCiB 最受瞩目（见图 4-25），它以钛酸锂作为负极活性物质，采用尖晶石型晶体结构的锰酸锂（参见 4-8 节）作为正极活性物质（见图 4-26）。

凭借其高安全性、低温环境下的良好操作性及快速充电能力，SCiB 被应用于混合动力汽车和大规模储能系统。

然而，钛酸锂属于绝缘体，需要进行碳涂层处理以提升导电性，这就导致制造成本有所增加。

▶▶ 使用钛酸锂作为负极的电池

除了 SCiB 之外，还有以钛酸锂作为负极的钛酸系锂离子电池，如使用钴酸锂作为正极活性物质的钴钛锂二次电池。除此之外，也有采用磷酸铁锂、三元系材料、锂镍锰氧化物等作为正极活性物质的电池。

图 4-25 SCiB 的外观

出处：东芝株式会社"二次电池 SCiB"。

图 4-26 SCiB 的结构示意图

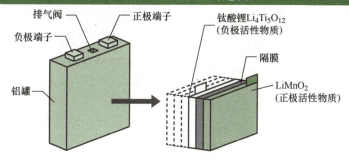

- 排气阀
- 负极端子
- 正极端子
- 钛酸锂$Li_4Ti_5O_{12}$（负极活性物质）
- 隔膜
- 铝罐
- $LiMnO_2$（正极活性物质）

要 点

✍ 大多数锂离子电池的负极活性物质使用石墨，但也出现了使用钛酸锂的二次电池。

✍ 2008 年在日本实现商品化的 SCiB 电池，因其高安全性、能在低温下工作及能够快速充电，被应用于混合动力汽车和大规模储能系统。

✍ 钛酸锂的特性：由于钛酸锂是一种绝缘体，为了提高其导电性，需要进行碳涂层处理，这导致制造成本增加。

使用锂合金的锂二次电池①

▶▶ 将金属锂合金化

由于使用金属锂作为负极活性物质时会产生枝晶（参见 4-1 节），所以研发出了使用锂合金的二次电池。这种电池目前仅在小容量的硬币形电池中实现了商品化（见图 4-27）。

▶▶ 利用正极的二氧化锰

锰酸锂二次电池是以锂铝合金（LiAl）作为负极活性物质、具有层状结构的二氧化锰为正极活性物质、电解液使用有机溶剂（见图 4-28）。放电时负极的反应与锰酸锂电池一次电池相同（参见 2-12 节），锂溶解在电解液中，形成锂离子并被氧化。锂离子在电解液中移动到正极侧，与二氧化锰发生插层反应并被还原。充电时则发生相反的反应。

负极反应：$LiAl \rightleftharpoons Al + Li^+ + e^-$

正极反应：$MnO_2 + Li^+ + e^- \rightleftharpoons MnO_2Li$

总反应：$MnO_2 + LiAl \rightleftharpoons MnO_2Li + Al$

▶▶ 在备份电源中发挥作用

正极的二氧化锰因反复充放电会发生劣化，通过使用改性材料，能够使额定电压达到 3V，延长循环寿命，减少自放电。这种电池被用作笔记本电脑、数码相机等的备份电源，以及便携式电子设备的电源。

还有一款类似的电池，以锂铝合金作为负极、尖晶石结构的锰酸锂作为正极、额定电压为 3V 的锰锂二次电池。

图 4-27　硬币形锰酸锂二次电池的结构

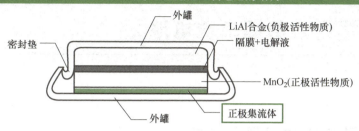

外罐
LiAl合金(负极活性物质)
密封垫
隔膜+电解液
MnO₂(正极活性物质)
正极集流体
外罐

图 4-28　锰酸锂二次电池的充放电反应结构

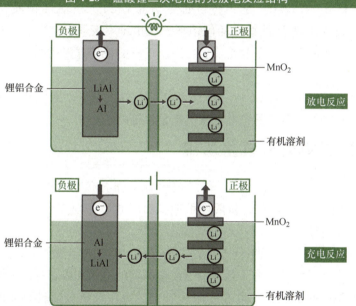

负极　　　　　　　　正极

锂铝合金
LiAl
↓
Al
MnO₂
放电反应
有机溶剂

负极　　　　　　　　正极

锂铝合金
Al
↓
LiAl
MnO₂
充电反应
有机溶剂

第4章

要点

✎ 通过使用锂合金，成功开发出了不发生枝晶的锂二次电池。目前，这种电池仅以小容量的硬币形电池的形式商品化。

✎ 锰酸锂二次电池的负极使用锂铝合金、正极使用二氧化锰。

✎ 锰锂二次电池具有 3V 的高额定电压、长循环寿命和低自放电率。

使用锂合金的锂二次电池②

▶▶ 利用正极的五氧化二钒

钒锂二次电池（VL）是一种以锂铝合金作为负极活性物质、五氧化二钒（V_2O_5）作为正极活性物质的硬币形二次电池（见图4-29）。具有层状结构的五氧化二钒能够与锂离子发生插层反应。正极的化学方程式如下：

正极反应：$V_2O_5 + xLi^+ + xe^- \rightleftharpoons Li_xV_2O_5$

这种电池的额定电压为3V、循环寿命长、自放电少，因此被用于笔记本电脑和智能手机等的内存备份电源、火灾报警器等的电源。

▶▶ 利用正极的五氧化二铌

铌锂二次电池（NBL）是一种以锂铝合金作为负极活性物质、五氧化二铌（Nb_2O_5）作为正极活性物质的硬币形二次电池（见图4-30）。五氧化二铌也能与锂离子发生插层反应。

其额定电压为2V，虽然低于钒锂二次电池，但自放电率相同，且不易漏液，因此被用作智能手机的电源、各种电子设备的辅助电源和内存备份电源。

在铌系锂二次电池中，也有使用五氧化二铌作为负极活性物质的电池。例如，科学家们正在研发使用五氧化二铌作为负极活性物质、五氧化二钒作为正极活性物质的钒铌锂二次电池。

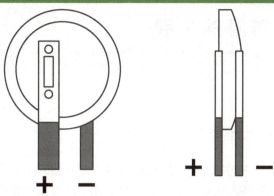

图 4-29　硬币形钒锂二次电池的外观

出处：松下能源"关于锂电池的端子"。

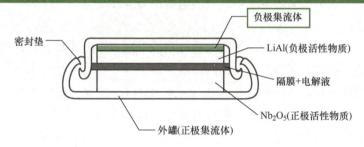

图 4-30　硬币形铌锂二次电池的结构示意图

负极集流体

密封垫

LiAl(负极活性物质)

隔膜+电解液

Nb_2O_5(正极活性物质)

外罐(正极集流体)

要点

✎钒锂二次电池和铌锂二次电池都使用锂铝合金作为负极活性物质，正极活性物质分别为五氧化二钒和五氧化二铌，且都采用硬币形设计。

✎钒锂二次电池的额定电压高达 3V，循环寿命较长。这种电池因其高电压和长寿命特性，在某些应用场景中具有优势。

✎铌锂二次电池的额定电压为 2V，低于钒锂电池，但其自放电率与钒锂电池相似，且不易发生漏液。这些特性使得铌锂二次电池在需要低自放电和高安全性的应用中更为合适。

电动汽车普及的关键

▶▶ 后锂离子电池时代

为实现 2050 年的碳中和目标（参见 7-2 节），电动汽车的普及至关重要。而掌握这一关键的，便是超越锂离子电池的下一代二次电池，其中最被看好的当属全固态电池（全固态锂蓄电池）。全固态电池是一种所有构成材料均为固体的电池，是锂离子电池的改良版。传统锂离子电池中，电极是固体，而电解液是易燃的有机溶剂。众多锂离子电池事故皆因电解液泄漏或高温下气体产生，进而引发爆炸和燃烧。

因此，在研究过程中发现了能够弥补传统电解液缺陷的材料，这些材料类似陶瓷或玻璃，具有离子传导性，即固体电解质。这些材料主要分为硫化物系和氧化物系，尤其是导电性高的硫化物系（见图 4-31）。然而，硫化物系相对容易起火，对水敏感，所以氧化物系的研究开发也在同步进行。

固体电解质的材料进一步被分为玻璃材料、结晶材料和玻璃陶瓷，特别是玻璃陶瓷具有很高的离子传导率（见图 4-32）。电极活性物质的形状也包含正在开发的薄膜形和块状（见图 4-33）。块状电极较厚，容量更大。薄膜形更容易导电，但容量较小，因此需要薄膜的堆叠和大面积化。

▶▶ 全固态电池的压倒性优势

与相同体积的锂离子电池相比，全固态电池的续航里程可提升 2 倍，能够实现大电流快速充电，充电时间可缩短至锂离子电池的约 1/3。电解液的事故问题得以解决，安全性更高。然而，电池寿命短、量产技术的确立等挑战依然存在。

图 4-31 按电解质材料分为两类

全固态电池 —— 硫化物系
全固态电池 —— 氧化物系

图 4-32 按电解质材料分为三类

全固态电池 —— 玻璃材料
全固态电池 —— 结晶材料
全固态电池 —— 玻璃陶瓷

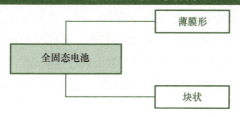

图 4-33 按活性物质形状分类

全固态电池 —— 薄膜形
全固态电池 —— 块状

要 点

🖉 全固体电池是一种改进型的锂离子电池，其所有构成材料均为固体，被视为推动电动汽车普及的关键。

🖉 固体电解质材料可以分为硫化物系和氧化物系两大类，以及玻璃材料和结晶材料、玻璃陶瓷三大类，其中高离子导电率的玻璃陶瓷材料是研究的重点。

🖉 与锂离子电池相比，全固体电池具有以下优势：更长的续航时间、大电流下的快速充电、充电时间缩短、安全性提高。

备受期待的拥有最高能量密度的锂二次电池

▶▶ 金属空气电池的原理

在二次电池领域，金属锂的应用因枝晶问题而面临挑战，但锂空气二次电池却在持续的研发进程中展现出独特的潜力，成为备受瞩目的研究方向之一。金属空气电池以空气中的氧气作为正极活性物质，其中一次锌空气电池已成功实现实用化（参见 2-10 节）。当下，科研人员将目光聚焦于使用金属锂来开发可充电的空气电池，即锂空气二次电池，旨在突破现有电池技术的能量密度瓶颈。

▶▶ 最高的能量密度

锂空气电池的负极活性物质选用金属锂、正极集流体采用碳微粒等多孔碳材料、正极活性物质则为空气中无处不在的氧气。在放电过程中，负极的金属锂失去电子，以锂离子的形式溶出，这些锂离子迁移至正极后，与氧气发生化学反应，生成过氧化锂（见图 4-34）。而充电时，反应则逆向进行（见图 4-35），电池的化学方程式如下：

负极反应：$Li \rightleftharpoons Li^+ + e^-$

正极反应：$2Li^+ + 2e^- + O_2 \rightleftharpoons Li_2O_2$

总反应：$2Li + O_2 \rightleftharpoons Li_2O_2$

▶▶ 电池反应并不顺利

从理论上讲，若锂空气电池能够成功实现商业化应用，由于其负极采用离子化倾向最强的金属锂、正极利用取之不尽的空气，极有可能成为能量密度最高的电池类型。而且，该电池体系无需使用钴等稀缺昂贵的稀有金属，这将显著降低制造成本，在大规模储能和电动汽车等领域具有广阔的应用前景。

然而，就现阶段的技术水平而言，锂空气电池仍存在诸多亟待解决的问题。其循环寿命较短、充放电效率偏低，严重制约了其实际应用。为攻克这些难题，科研团队正在全力推进锂与氧气电池反应的催化剂研发工作，旨在通过优化催化剂来提升电池的性能。与此同时，使用锌、铝、镁等金属作为负极活性物质的空气二次电池也在研发探索之中（参见 3-23 节），不过目前尚未达到实用化阶段。

但随着科研投入的不断增加和技术创新的持续推进，金属空气电池尤其是锂空气二次电池有望在未来实现重大突破，为全球能源存储和利用带来革命性的变化，为可持续发展提供强有力的支持。

图 4-34　锂空气二次电池的放电反应示意图

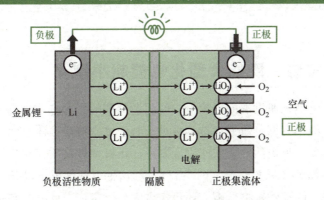

图 4-35　锂空气二次电池的充电反应示意图

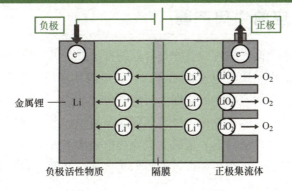

要点

*正在研究开发中的一种可充电电池是锂空气电池，其原理是借鉴自锌空气电池。

*锂空气电池被认为是能量密度最大的电池，因为它使用离子化倾向最大的金属锂作为负极、使用空气作为正极。

*除了锂空气电池外，也在开发锌空气二次电池、铝空气二次电池和镁空气二次电池，但这些电池尚未实现实用化。

可大型化也可小型化的锂二次电池

▶▶ 如能实现，既能大型化也能超小型化

在锂离子电池飞速发展的影响下，使用金属锂的二次电池（参见 4-1 节）似乎略显黯淡，但仍有部分研究在持续推进，其中之一便是锂硫电池。

锂硫电池中，负极活性物质使用金属锂、正极活性物质使用硫化合物、电解液使用有机溶剂等（见图 4-36、图 4-37）。若这种电池能够成功研制，除了具备大容量特性外，因硫的价格低廉，还可实现大型化量产。此外，与锂离子电池相比，硫的能量密度更高，也有可能开发出更轻的电池用于无人机等。

▶▶ 电池反应的中间产物

锂硫电池实用化面临的挑战首先是枝晶的产生。此外，放电时产生的中间产物会溶解在电解液中，致使电池性能劣化：放电时，正极中的硫被锂离子还原，但在反应过程中，中间产物多硫化锂会溶解在电解液中。溶解的多硫化锂离子扩散后，会在负极处使金属锂氧化，一部分覆盖金属锂，另一部分返回正极引发氧化反应。最终，导致电极的电容量减少或充放电效率下降。

为解决这些问题，正在研究通过隔膜阻止枝晶、开发固体电解质等新型电解质，但尚未实现实用化。

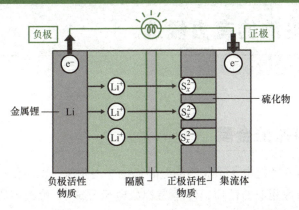

図 4-36　锂硫电池的放电示意图

负极　　　　　　　　　　　　　　　正极

金属锂 —— Li

硫化物

负极活性　　隔膜　　正极活性　　集流体
物质　　　　　　　物质

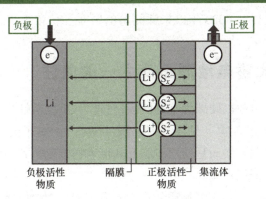

図 4-37　锂硫电池的充电示意图

负极　　　　　　　　　　　　　　　正极

Li

负极活性　　隔膜　　正极活性　　集流体
物质　　　　　　　物质

要点

🖉 在利用金属锂的二次电池中，至今仍在持续研究开发的电池之一是锂硫电池。

🖉 如果锂硫电池能够实现，其制造成本将比锂离子电池更低，能量密度也更大，因此，无论是大型化还是超小型化都有可能实现。

🖉 锂硫电池的实现仍面临一些问题，包括枝晶的产生、放电时产生的中间物质溶解在电解液中导致电池劣化等。

下一代电池的有力候选

▶▶ 与锂相似的金属

锂是一种具有特定电子亲和性的金属，钠与之相似。钠不仅价格实惠、资源丰富，还具备与锂相似的性质，即容易释放电子形成+1价的阳离子。因此，基于与锂离子电池相同的原理，钠离子电池（NIB）的开发一直在推进，不过由于锂离子电池的迅猛发展，钠离子电池的开发曾一度放缓。然而，随着电动汽车对电池需求的增长，以及2020年以来锂储量的紧张和价格上涨，钠离子电池的研究开发再次活跃起来。

▶▶ 全球最大蓄电池制造商之一的关注

基本的钠离子电池以硬碳为基础的碳材料作为负极活性物质，正极活性物质则尝试使用各种钠化合物（见图4-38、图4-39）。钠离子的体积比锂离子大两倍。所以，不是使用石墨而是使用树脂及其衍生物碳化得到的硬碳，这样可以进行大体积钠离子的插层反应。

在电解质方面，全固态电解质的研究也在开展，特别是全固态钠离子电池，因全球最大蓄电池制造商之一——中国的宁德时代决定将其商品化，而备受瞩目。

▶▶ 能量密度低但优点多

钠离子电池的缺点是能量密度较低。但是，它具有快速充电、使用温度范围广、循环寿命长等性能优势。从成本角度考虑，预计钠离子电池将在不需要锂离子电池那样高功率的场合发挥作用。还有一个好消息，钾离子电池的研发也在进行中。

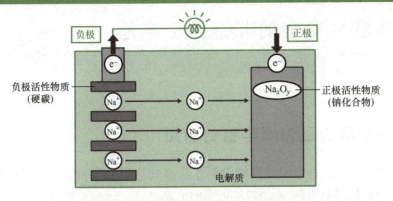

图 4-38　钠离子电池的放电示意图

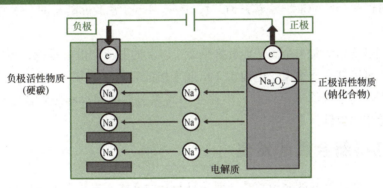

图 4-39　钠离子电池的充电示意图

　　🖊 钠离子电池是使用具有与锂相似性质、价格便宜且在地球上广泛存在的钠来替代锂的电池。

　　🖊 全固体钠离子电池，由于全球最大蓄电池制造商之一——中国的宁德时代决定将其商品化，成为热门话题。

　　🖊 钠离子电池具有快速充电、使用温度范围广和循环寿命长等优点，从成本角度考虑，预计会有很好的应用前景。

大容量且安全的非锂离子电池

▶▶ **寻求廉价且资源丰富的金属**

自 2020 年起，由于锂资源储量紧张且市场价格上升，脱锂趋势愈发显著。人们开始探寻资源丰富、制造成本低廉的电池。

于是，人们将目光投向了使用不同于锂或钠这样单价离子的多价离子，如使用镁（Mg^{2+}）、钙（Ca^{2+}）、锌（Zn^{2+}）、铝（Al^{3+}）等多价离子的二次电池（见图 4-40）。

这些多价离子是 1 个离子能够携带 2 个以上的电荷，也就是说，多价离子电池理论上可以拥有比锂离子电池大 2 倍或 3 倍的容量（见图 4-41）。在容量大的同时，多价离子金属安全性高，不存在因高温引发的起火和爆炸风险；资源丰富，制造成本也低。

▶▶ **期待新金属的发现**

然而，像镁这样的多价离子金属一旦与其他金属元素结合就难以分离。多价离子电压较低，在电解液和电极中的离子移动速度缓慢，无法进行插层反应，瞬间爆发力低。尽管与单价离子电池相比，多价离子电池不易产生枝晶（参见 4-1节），但某些电池仍存在这种风险。

遗憾的是，目前为止尚未发现多价离子金属中可作为活性物质并能反复充放电且具有长循环寿命的金属。但如果能够找到合适的金属、电解液和电极材料，就能开启全新的可能，我们需要持续关注未来的研究进展。

图 4-40　镁离子的电子配置图

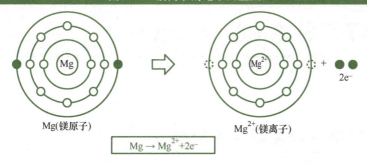

Mg(镁原子)　　　　Mg^{2+}(镁离子)

$$Mg \rightarrow Mg^{2+} + 2e^-$$

图 4-41　后锂离子电池的能量密度比较

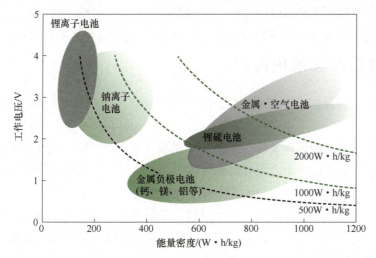

出处：丸林良嗣《关于下一代二次电池的研究开发动向调查》三重县工业研究研究报告第 39 号（2015 年）。

> **要点**
>
> ✎ 如果电池的活性物质中使用多价离子金属，那么其容量可能是锂离子电池的 2 倍或 3 倍。
>
> ✎ 多价离子金属一旦与其他金属元素结合，就不容易分离，电压较低和离子移动速度慢，导致瞬时输出功率低。
>
> ✎ 到目前为止，在多价离子金属中，还没有发现可以作为活性物质并能够反复进行充放电的材料。

混合了两种电池的锂系电池

▶▶ 物理电池和化学电池的结合

锂离子电容器（LIC）的原理类似于将双电层电容器（参见 6-8 节）和锂离子电池（参见 4-2 节）结合起来进行充放电。

锂离子电容器的负极活性物质使用能够进行锂离子插层反应的石墨、正极活性物质与双电层电容器一样（使用多孔活性炭等）、电解液使用有机溶剂。

▶▶ 插层反应和双电层

在锂离子电容器的负极进行锂离子的插层反应，在正极形成双电层（参见 6-9 节）。

充电时，负极中的锂离子被石墨吸附（见图 4-42）。此时，电解液中的阴离子向正极移动。在正极，由于诱电电极的作用，正电荷的空穴和从负极移动过来的阴离子被吸引，形成双电层，电容器处于充电状态。

放电时，负极中的锂离子从石墨中释放并扩散到电解液中（见图 4-43）。在正极，电子从负极流向正极，空穴消失，阴离子离开界面，扩散到电解液中。这是电容器放电的状态。

▶▶ 性能优于传统电池

与双电层电容器相比，锂离子电容器的能量密度更高，耐高温耐久性也大大增强。同时，它没有像锂离子电池那样的热膨胀和爆炸风险，电极劣化和自放电也较少，循环寿命更长。预计它将在汽车和工业设备的电源、辅助电源及紧急情况下的备份电源等方面发挥重要作用。

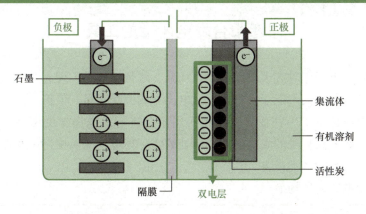

图 4-42　锂离子电容器的充电反应结构

负极　　　　　　　　　　　　　　　正极

石墨

Li^+

Li^+

Li^+

集流体

有机溶剂

活性炭

隔膜　　　双电层

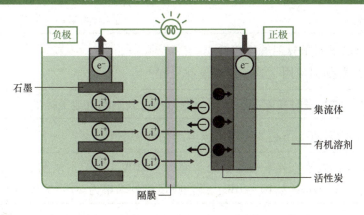

图 4-43　锂离子电容器的放电反应结构

负极　　　　　　　　　　　　　　　正极

石墨

Li^+

Li^+

Li^+

集流体

有机溶剂

活性炭

隔膜

第
4
章

要点

🖊 锂离子电容器的充放电原理类似于结合了双电层电容器和锂离子电池的原理。

🖊 在锂离子电容器的负极通过锂离子插层反应，在正极通过形成双电层来进行充放电。

🖊 与双电层电容器相比，锂离子电容器具有更高的能量密度和更好的高温耐久性，不会出现热膨胀或爆炸的问题，电极劣化和自放电也较少，循环寿命更长。

思考阳台发电所需的工具

近年来，出于应对灾害时期的停电状况、践行环境保护理念及削减电费支出等多重考量，利用太阳能于自家进行发电的方式广受瞩目。值得一提的是，近期市场上甚至涌现出了一些便于在出租房屋阳台进行发电操作的商品。在此背景下，我们不妨依据自身的发电目的及所处的实际环境，深入探讨一番在阳台开展发电活动所必需的各类设备。

阳台发电所需的物品

- 太阳能电池
- 充电控制器※1
- 电缆
- 逆变器※2
- 蓄电池（铅酸蓄电池、锂离子电池等）

请针对以下问题分别进行回答

① 您想要如何使用（这些发电设备）呢？

例如，我想平时在家办公所用的电力都由太阳能电池来提供。

② 让我们来查一下想要充电的家电产品的功率吧。

例如，智能手机和平板电脑的功率约为10W，笔记本电脑的功率为20~30W，荧光灯的功率为10~40W，燃油暖风机的功率为20~100W。

③ 设想一下需要充电的家电产品的使用时间，并计算耗电量。

例如，笔记本电脑的功率为20W、荧光灯的功率为10W，使用约6h。笔记本电脑的耗电量为20W×6h＝120W·h，荧光灯的耗电量为10W×6h＝60W·h，总计120W·h+60W·h＝180W·h。

※1（充电控制器）：用于调节对蓄电池的充电，防止（蓄电池）老化和火灾。

※2（逆变器）：将蓄电池的直流电转换为与家庭用电相同的交流电的设备。

担当清洁、安全发电
使命的电池

~助力解决下一代能源问题的燃料电池~

能产生水和电的电池

▶▶ 不燃烧的"燃料"

　　一次电池与二次电池是借助活性物质的化学反应来获取电能的电池类型。相比较而言，燃料电池更像是一种发电装置，只要持续供应燃料与氧气，便能持续产出电能。其名称的"燃料"二字，或许会让人下意识地认为需要燃烧过程，但实际上它并不用火，而是通过氢与氧的化学反应来产生电能的化学电池。其生成物基本上只有水，不存在其他排放物，属于一种清洁且安全的能源（见图5-1）。

▶▶ 逆向思维

　　燃料电池的原理起始于水的电解。当电流通过水时，水会分解为氢和氧，负极会产生氢气，正极则产生氧气。倘若将这一过程反转过来，也就是利用氢和氧来生成水，就能产生电能。正是这种逆向思维，促成了燃料电池的诞生。

　　众所周知，氢气在正常情况下与氧气反应会释放热能，有时甚至会引发爆炸。所以，把氢气和氧气的反应区域分隔开来，就能够获取电能而非热能（见图5-2）。

▶▶ 作为下一代能源备受瞩目

　　燃料电池的原型是在1839年由英国的威廉·罗伯特·格罗夫开发的，当时使用的是浸在稀硫酸中的铂电极、氢气和氧气的电池（见图5-3）。由于其电流微弱且成本高昂，相关研究未能取得有效进展。

　　燃料电池的实用化进程始于20世纪60年代，当时被搭载在宇宙飞船上。在日本，20世纪70年代石油危机之后，其开发速度加快，近期更是作为下一代能源而备受关注，在燃料电池汽车及家用能源等方面都已经实现了实用化。

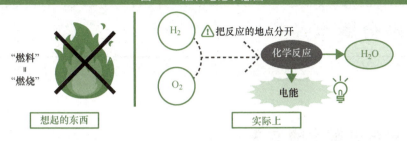

图 5-1 燃料电池示意图

图 5-2 燃料电池的原理

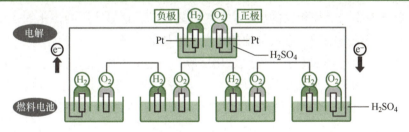

图 5-3 利用格罗夫燃料电池进行水的电解装置

要点

✎ 燃料电池是一种通过化学反应持续产生电力的清洁安全能源，除了电力外，其唯一的副产品是水。

✎ 燃料电池的诞生源于水电解的逆过程，如果从氧气和氢气中制造水，就会产生电力，这是逆向思维的运用。

✎ 在 20 世纪 60 年代，燃料电池作为宇航用途得到了开发，而在日本，燃料电池汽车和家用能源的实用化正在取得进展。

用电分解水

▶▶ 用电分解水的准备

水本身的导电性较差，所以在电解水时，需要提前在水中溶解氢氧化钠等电解质。电解水的反应过程如下：

正极会失去电子（发生氧化反应），水分解成氢离子和氧气。氢离子会被吸引到负极，电子被压入（发生还原反应），进而转变为氢气（见图5-4）。整体反应表明，水被分解成了氢气和氧气。

▶▶ 氢离子在电解质中移动

接下来，用白炽灯替代电源进行连接。此时，如果在氢气和氧气之间添加催化剂，就会发生与之前相反的反应，电流开始流动。这里使用的催化剂是对酸性电解质具备耐蚀性的铂。燃料电池的放电反应如下：

在负极，氢气释放电子（发生氧化反应），变成氢离子。氢离子在电解质中移动，与正极的氧气及从导线传来的电子发生反应（发生还原反应），生成水。这种氢离子在电解质中移动的电池被称为阳离子交换型，整体反应如图5-5所示。

燃料电池是依靠氢离子和电子的流动来提取电能的，所有燃料电池在放电时都会发生相同的反应。

此外，在燃料电池中，负极被称作燃料电极，正极被称作空气（氧）电极，电解质被放置在燃料电极与空气电极之间，向燃料电极供应氢气，向空气电极供应氧气，从而生成水并产生电流。

虽说氧气能够利用空气中的氧气，但氢气的供应方式却成为燃料电池面临的一个关键难题（参见5-3节）。

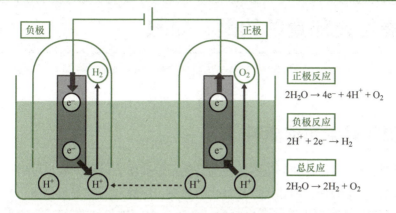

图 5-4　水的电解反应原理

负极

正极

H_2

O_2

e^-

e^-

e^-

e^-

H^+　H^+　H^+　H^+

正极反应

$2H_2O \rightarrow 4e^- + 4H^+ + O_2$

负极反应

$2H^+ + 2e^- \rightarrow H_2$

总反应

$2H_2O \rightarrow 2H_2 + O_2$

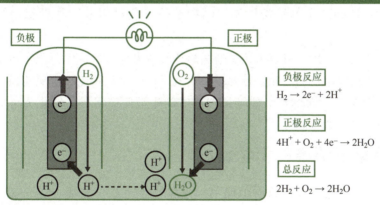

图 5-5　燃料电池的反应结构

负极

正极

H_2

O_2

e^-

e^-

e^-

e^-

H^+

H^+　H^+　H^+　H_2O

负极反应

$H_2 \rightarrow 2e^- + 2H^+$

正极反应

$4H^+ + O_2 + 4e^- \rightarrow 2H_2O$

总反应

$2H_2 + O_2 \rightarrow 2H_2O$

要 点

  ✎当向含有电解质的水通电时，正极会分离出氧气和氢离子，这些氢离子在负极变成氢气。

  ✎在水被电解后，通过催化剂的作用，负极的氢气会释放电子变成氢离子，并在电解质中移动，与正极的氧气反应，生成水。

  ✎在燃料电池放电过程中，氢离子在电解质中移动的电池被称为阳离子交换型。

掌握巨大能量的钥匙：氢气

▶▶ 氢气是理想的燃料

在燃料电池领域，我们重点关注的是使用氢气作为燃料。氢气可以通过电从水中制取，还能够从石油和天然气等化石燃料、甲醇和乙醇等生物质，甚至是下水道污泥和废弃物等各类资源中制取。此外，在钢铁厂和化工厂等的生产过程中，氢气也会作为副产品产生（见图5-6）。氢气燃烧时不会产生二氧化碳等排放物，是一种高能量的清洁能源。燃料电池正是利用了这种理想的燃料——氢气。

例如，在火力发电过程中，是通过燃烧气体来加热水产生蒸汽，再用高温高压的蒸汽驱动发电机的涡轮进行发电。也就是说，是从热能、机械能最终转化为电能（见图5-7）。而燃料电池则是直接借助化学反应将燃料转化为电能，能量损失较少，能量效率颇高。

▶▶ 简单但困难的化学反应

燃料电池的化学反应式看似简单，特别是空气中的正极（空气电极）里氢离子、氧气和电子的化学反应，实际上是一个相当复杂的反应。

空气电极：$4H^+ + 4e^- + O_2 \rightarrow 2H_2O$

氢离子是液体状态，氧气是气体，电子存在于固体中，所以只有在"三者相遇的地方"才能发生反应（见图5-8）。要增大电流，就需要增加反应发生的位置，也就是"三者相遇的地方"，这就要求制造出多孔的电极。在这些细小的孔洞中，电解液能够进入，实现固体和液体的接触，再通入氧气，使得三者得以相遇。燃料电池的电极具备多孔性结构来满足这种"相遇"，催化剂铂同时会被涂覆在这些孔洞的表面上。

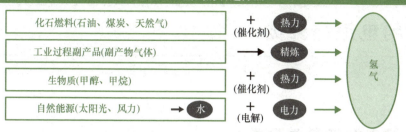

图 5-6　氢气的制造方法

图 5-7　燃料电池与火力发电的能量效率

图 5-8　燃料电池发生反应的场所示意图

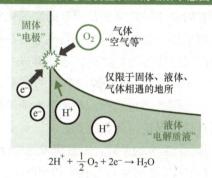

固体
"电极"

气体
"空气等"

仅限于固体、液体、
气体相遇的地所

液体
"电解质液"

$$2H^+ + \frac{1}{2}O_2 + 2e^- \rightarrow H_2O$$

出处：箕浦秀树《进化的电池构造》（软银创意，2006 年）第 107 页。

要点

✎ 氢气燃烧时不会产生二氧化碳等排放物，是一种清洁的能源。

✎ 在燃料电池中，燃料通过化学反应直接转化为电能，过程中的能量损失较少，能量效率较高。

燃料电池的分类

▶▶ 按电解液种类分类

　　燃料电池依据所使用的电解液种类，可大致划分为五类（见图 5-9）。这些分类涵盖了碱性水溶液、磷酸水溶液、熔融碳酸盐、固体氧化物、阳离子传导性的阳离子交换型高分子膜。

▶▶ 按燃料及运行温度分类

　　从燃料的角度进行分类，一方面，存在使用不含杂质的高纯度氢气的燃料电池，其具有反应纯度高、产物清洁等优势；另一方面，有些燃料电池对天然气、煤炭等原始燃料的使用没有严格限制（见图 5-10）。然而，当使用这类不受限的燃料时，排放物中会含有微量的一氧化氮及少量的二氧化碳，所以需要配备重整反应器，以便从燃料中精准提取氢气，确保燃料电池的高效稳定运行。

　　此外，基于电池内部反应所运用的燃料，还能够进一步细分为以高纯度氢气为燃料的类型、使用含有 1% 以下一氧化碳的氢气的类型，以及以氢气或一氧化碳作为燃料的类型。这些不同的燃料选择，与燃料电池的性能、适用场景及运行条件紧密相关，需根据具体情况进行优化配置。

　　再者，燃料电池依据运行温度的差异，可被清晰地划分为低温型和高温型。其中，低温型燃料电池的工作温度范围从室温到大约 200℃，这类电池的显著特点是起动迅速，能够在较短时间内达到工作状态，满足一些对即时供电有要求的应用场景；而高温型燃料电池的运行温度则在数百摄氏度以上，尽管其起动所需时间较长，且设备往往更为大型复杂，但高温环境下其反应效率颇高，能在特定领域发挥重要作用，如在一些对能源转换效率有较高追求的工业生产或大型能源供应场景中。

▶▶ 按发电反应机制分类

　　在燃料电池的发电反应机制中，主要存在"阳离子交换型"和"阴离子交换型"这两种形式（见图 5-11）。在"阳离子交换型"的反应机制里，氢离子会从燃料极向空气极定向移动，从而实现电荷的转移和电化学反应的持续推进。然而，这种利用氢离子的阳离子型燃料电池，通常需要依赖耐酸性的贵金属（如铂等）作为催化剂，来有效降低反应的活化能，促进反应的快速进行，但这无疑增加了电池的制造成本；与之相对的"阴离子交换型"，则是氢氧根离子从空气极向燃料极移动，而且在部分情况下，会出现以碳酸根离子或氧离子代替氢氧根离子进行移动的现象，这种阴离子交换型的优势在于，无需担忧因电解质的腐蚀性而对电极材料造成损害，所以不需要使用昂贵的铂等贵金属作为催化剂。

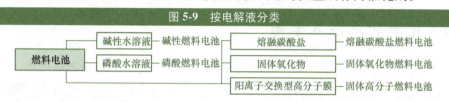

图 5-9　按电解液分类

图 5-10　按燃料及运行温度分类

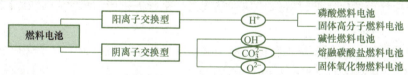

图 5-11　按发电反应机制分类

要点

　　🖊 燃料电池可以根据电解液的种类大致分为五大类。同时，根据运行温度，可以分为低温型和高温型。

　　🖊 根据原始燃料的类型，燃料电池可以被分类为几乎不含杂质的高纯度氢气、氢气和一氧化碳等无限制的电池。

　　🖊 在发电反应中，根据移动的离子类型，燃料电池可以分为"阳离子交换型"（氢离子等移动）和"阴离子交换型"（氢氧根离子等移动）。

在宇宙中活跃的燃料电池

▶▶ 将电和水送入宇宙

碱性燃料电池（AFC）是一种运用氢氧化钾等强碱性电解液的燃料电池。在实用的燃料电池当中，它拥有最为悠久的历史，由英国弗朗西斯·托马斯·培根于1932年研发。最初使用的是硫酸作为电解液，它容易与其他物质发生反应，后面考虑采用强碱性物质，但因成本问题，最初的研发并未取得显著进展。

另一方面，由于其结构简单、效率高且排放物仅为水，1969年，搭载人类首次登月的阿波罗11号载人飞船便搭载了这种电池，之后在其他宇宙空间探索活动中这类电池也持续提供电力和水。

▶▶ 氢氧根离子移动电解液

碱性燃料电池的电解液是碱性的，所以含有氢氧根离子。当向燃料极供应氢气时，它会与电解液中的氢氧根离子发生反应生成水并释放电子（见图5-12）。从燃料极释放的电子通过导线移动到空气极。空气极供应的氧气与水溶液中的水反应生成氢氧根离子。

像这样通过氢氧根离子在电解液中移动的燃料电池被称为阴离子交换型（见图5-13）。其整体反应与所有燃料电池相同。

阴离子交换型无需担心腐蚀问题，所以不仅可以使用铂作为催化剂，还能够采用镍合金，进而降低成本。其运行温度处于50~150℃，相对较低，因此在室温下也便于操作处理。

不过，如果燃料中含有二氧化碳，它会与碱性电解液发生反应，致使电池性能下降。所以需要高纯度的氢气和氧气，成本问题依旧存在。近年来，使用耐碱性的阴离子传导性的阴离子型高分子膜的高性能碱性燃料电池的开发备受期待。

图 5-12　碱性燃料电池的反应结构

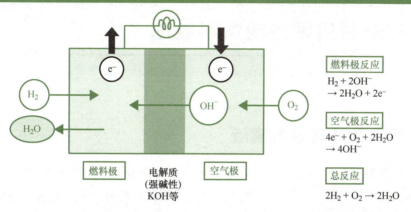

燃料极反应
$H_2 + 2OH^-$
$\rightarrow 2H_2O + 2e^-$

空气极反应
$4e^- + O_2 + 2H_2O$
$\rightarrow 4OH^-$

总反应
$2H_2 + O_2 \rightarrow 2H_2O$

图 5-13　耐碱性的阴离子型高分子膜

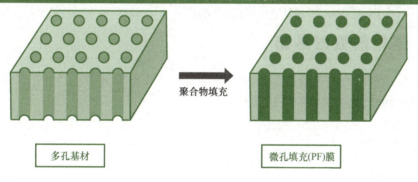

聚合物填充

多孔基材

微孔填充(PF)膜

要 点

　　碱性燃料电池是一种使用氢氧化钾等强碱性电解液作为电解质的燃料电池。

　　在这种燃料电池中，氢氧根离子在电解质中移动，因此被称为"阴离子交换型"。作为催化剂，不仅可以使用昂贵的铂，还可以使用镍合金。

　　如果燃料中含有二氧化碳，它会与碱性电解液发生反应，电池性能下降，导致需要高纯度的氢气和氧气，这会增加成本。

能有效利用废热的燃料电池

▶▶ 再次关注酸性电解液

碱性燃料电池的问题在于，若燃料中含有二氧化碳，它会与电解液产生反应。为解决这一问题，人们的目光再次投向了酸性电解液，于是便有了使用磷酸的磷酸燃料电池（PAFC）。

磷酸燃料电池的开发始于 20 世纪 70 年代的美国，其目的在于扩大天然气的应用，日本则从 1998 年开始进行商品化推广。

▶▶ 催化剂依旧是铂

磷酸燃料电池的电解液是酸性的，是氢离子在电解液中移动的阳离子交换型，电池的化学方程式如下（见图 5-14）：

燃料极反应：$H_2 \rightarrow 2e^- + 2H^+$

空气极反应：$4H^+ + O_2 + 4e^- \rightarrow 2H_2O$

总反应：$2H_2 + O_2 \rightarrow 2H_2O$

电池结构是将浸有电解液磷酸的电解质膜夹在燃料极和空气极之间（见图5-15）。实际上，为了获取更高的电压，会将多个这样的电池串联使用。由于是酸性电解液，所以不使用金属，而是采用表面涂有催化剂的多孔碳。

在此处使用的催化剂，尽管磷酸的腐蚀性比硫酸小，但仍然是价格昂贵的铂。铂的催化剂功能会因一氧化碳而迅速下降，存在中毒效应，一旦使用天然气等作为燃料，就需要进行改质处理。

磷酸燃料电池的运行温度是使用液态电解液的燃料电池中最高的，约为200℃，这种特质可以有效利用废热，在医院、酒店、防灾用等场所发挥着很大作用。

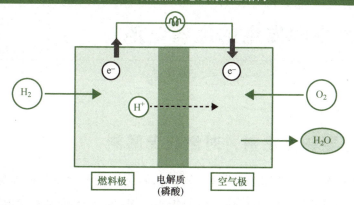

图 5-14　磷酸燃料电池的反应结构

燃料极　　电解质　空气极
　　　　（磷酸）

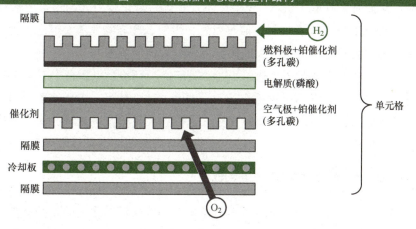

图 5-15　磷酸燃料电池的整体结构

隔膜

燃料极+铂催化剂
（多孔碳）

电解质（磷酸）

空气极+铂催化剂
（多孔碳）

催化剂

隔膜

冷却板

隔膜

单元格

要点

　　✎ 磷酸燃料电池是一种阳离子交换型燃料电池，氢离子在电解质中移动，金属容易被腐蚀，所以使用铂催化剂。

　　✎ 铂催化剂会因为一氧化碳而迅速失去催化功能，这是一种中毒效应，如果使用天然气作为燃料，就需要进行预处理。

　　✎ 磷酸燃料电池可以使用城市煤气等作为燃料，并且能够有效利用废热，因此其实用化正在取得进展。

适合大规模发电的燃料电池

▶▶ 不需要铂催化剂，对燃料无限制

磷酸燃料电池面临着诸多挑战，其中铂催化剂成本过高是较为突出的问题之一。与之不同的是，熔融碳酸盐燃料电池（MCFC）运行温度为 $600 \sim 700℃$，在此高温条件下，其反应效率较高，并且由于它属于阴离子交换型，无需使用铂催化剂，从而有效降低了成本。MCFC 不存在因一氧化碳引起的中毒效应（参见5-6节），而且对燃料没有限制，像天然气、煤气、废弃物气体及下水道污泥消化气体等均可作为其燃料，这极大地拓宽了燃料的选择范围。

此外，该电池能够利用废热，不过因处于高温环境，电解液会对金属产生腐蚀，所以其材料仅限于不锈钢或镍等（见图 5-16）。从另一方面来看，MCFC 不需要重整反应器，这使得系统得以简化，因而在大规模发电系统方面极具应用潜力，备受人们期待。

▶▶ 碳酸根离子移动电解液

在 MCFC 中，所使用的电解液是如碳酸锂和碳酸钠等之类的熔融碳酸盐，这些物质在室温下呈现固体状态，但在高温时会转变为液体，且具有较高的离子传导率。燃料方面，虽然可以使用一氧化碳，但在此我们以使用氢气的电池化学反应为例来进行解释。需要特别留意的是，在该反应中，除了氧气之外，还需要向空气极供应二氧化碳（见图 5-17）。

在电解液中，熔融碳酸盐里存在碳酸根离子。当向燃料极供应氢气时，氢气会与电解液中的碳酸根离子发生反应，生成水和二氧化碳，同时释放电子。从燃料极释放的电子通过导线移动到空气极，移动过来的电子与空气极供应的氧气和二氧化碳发生反应，进而生成碳酸根离子。其整体反应与所有燃料电池相同，由于碳酸根离子在电解液中移动，所以熔融碳酸盐燃料电池属于使用碳酸根离子的阴离子交换型燃料电池。另外，在连续运行时，需要将燃料极生成的二氧化碳循环到空气极，以维持电池反应的持续进行。

图 5-16　熔融碳酸盐燃料电池的结构

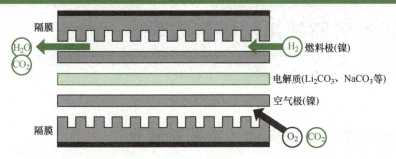

图 5-17　熔融碳酸盐燃料电池的反应结构

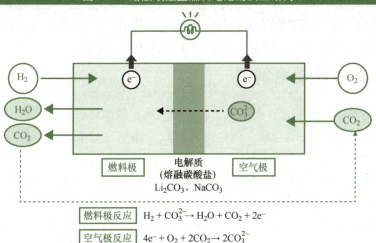

燃料极反应　$H_2 + CO_3^{2-} \rightarrow H_2O + CO_2 + 2e^-$

空气极反应　$4e^- + O_2 + 2CO_2 \rightarrow 2CO_3^{2-}$

总反应　$2H_2 + O_2 \rightarrow 2H_2O$

要点

> 熔融碳酸盐燃料电池使用在高温下变为液态并具有高离子导电率的熔融碳酸盐作为电解质。

> 由于对燃料没有限制，不需要重整反应器，因此系统可以简化，熔融碳酸盐燃料电池被期待作为一种适合大规模发电的系统。

> 在燃烧极产生的二氧化碳可以通过供应到空气极而不被排放，实现再利用。

能够长时间使用的燃料电池

▶▶ 从液体电解质向固体电解质转变

使用液体电解质的燃料电池在长时间使用后容易出现电极腐蚀等问题。于是，使用固体电解质的固体氧化物燃料电池（SOFC）便应运而生。这种电池完全由固体构成，在高温下运行，不需要重整反应器，设备更为简单。对燃料没有限制，目前正在逐步实现家庭用能源"能源农场"（参见 5-12 节）的实用化。

▶▶ 氧离子移动电解液

固体电解质采用的是在高温下能够传导氧离子的固体氧化物（稳定氧化锆陶瓷）。燃料可以使用一氧化碳，但这里我们以使用氢气的电池化学反应为例进行阐述（见图 5-18）。

在高温的电解液中，固体氧化物熔化，存在氧离子。当向燃料极供应氢气时，它会与电解液中的氧离子发生反应生成水并释放电子。

从燃料极释放的电子通过导线移动到空气极。移动过来的电子与空气极供应的氧气发生反应生成氧离子。其整体反应与所有燃料电池相同。

燃料极反应：$H_2 + O^{2-} \rightarrow H_2O + 2e^-$

空气极反应：$4e^- + O_2 \rightarrow 2O^{2-}$

总反应：$2H_2 + O_2 \rightarrow 2H_2O$

鉴于氧离子于电解液内进行迁移，固体氧化物燃料电池被归类为运用氧离子的阴离子交换型燃料电池范畴。然而，其运行温度处于 700~1000℃ 的高温区间，这就使得材料的选择被限定于具备耐热特性的陶瓷材质，从而导致成本居高不下（见图 5-19）。同时，该电池还存在起动耗时较长的情况，材料劣化等问题也尚未得到有效解决，这些不利因素在一定程度上限制了固体氧化物燃料电池的广泛应用与发展。

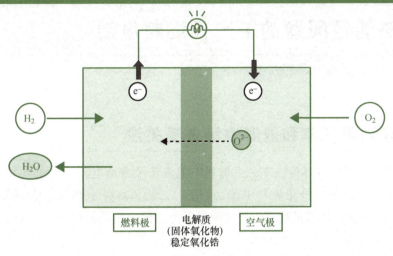

图 5-18 固体氧化物燃料电池的反应结构

H₂ H₂O e⁻ e⁻ O₂ O²⁻

燃料极 电解质
(固体氧化物)
稳定氧化锆 空气极

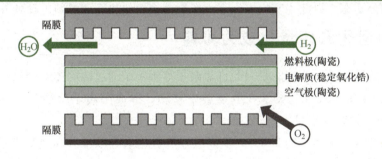

图 5-19 固体氧化物燃料电池的结构

隔膜 H₂O H₂
燃料极(陶瓷)
电解质(稳定氧化锆)
空气极(陶瓷)
隔膜 O₂

要点

> 🖉 固体氧化物燃料电池使用一种能在高温下传导氧离子的陶瓷材料作为电解质。
>
> 🖉 固体氧化物燃料电池对燃料没有限制,全部由固体构成,装置简单,它在利用城市煤气等的废热的实际应用中取得进展。
>
> 🖉 固体氧化物燃料电池在700~1000℃的高温下运行,材料选择受限于耐热陶瓷,成本较高,且由于起动时间长,材料劣化等问题仍然存在。

解决能源问题的下一代燃料电池

▶▶ 在燃料汽车和能源农场备受关注

备受瞩目的终极环保汽车——燃料电池汽车及家用电源（参见 5-12 节）中所使用的，是固体高分子燃料电池（PEFC）。固体高分子燃料电池的研发始于 20 世纪 60 年代，最初是为宇宙用途而研发的，但由于铂催化剂和电解质交换膜价格昂贵，研发进程一度放缓。

从 20 世纪 80 年代后期开始，随着减少铂用量的技术被开发出来，固体高分子燃料电池再次受到关注。1993 年，加拿大交通系统采用了搭载固体高分子燃料电池的公交车，以此为契机，众多汽车制造商纷纷投身于燃料电池的开发。

▶▶ 小型化和轻量化成为可能

在电解质方面，使用的是只允许氢离子等阳离子通过的固体聚合物（高分子膜），燃料采用氢气。氢离子在电解质中移动，形成阳离子交换型，反应式与图 5-20 所示相同（参见 5-2 节）。

电池结构是由多个约 0.7V 的单体电池堆叠构成电池堆，即便容量较小，发电效率也较高，从家用领域到汽车领域都已经实现了实用化（见图 5-21）。

电极材料主要是碳纸，上面涂有铂等催化剂，电解质能够制作得非常薄，实现了小型化和轻量化。但如果氢气中含有一氧化碳，铂会发生劣化，这就需要高纯度的氢气作为燃料。另外，为了使氢离子顺利通过，还需要水分。

固体高分子燃料电池的运行温度为 80~90℃，在低温环境下起动和停止都非常迅速，由于是固体电解质，就不存在漏液的风险。通过实践，能源农场（参见 5-12 节）已经采用这种电池，但成本较高的铂催化剂、氢离子移动的水分管理问题仍然有待解决。

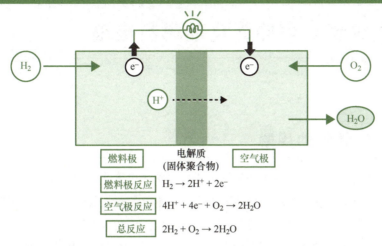

图 5-20　固体高分子燃料电池的反应结构

燃料极	电解质(固体聚合物)	空气极

燃料极反应　$H_2 \rightarrow 2H^+ + 2e^-$

空气极反应　$4H^+ + 4e^- + O_2 \rightarrow 2H_2O$

总反应　$2H_2 + O_2 \rightarrow 2H_2O$

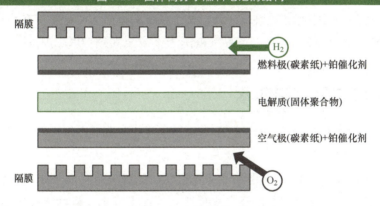

图 5-21　固体高分子燃料电池的结构

隔膜

燃料极(碳素纸)+铂催化剂

电解质(固体聚合物)

空气极(碳素纸)+铂催化剂

隔膜

要点

　　🖊固体高分子燃料电池使用固体聚合物作为电解质，运行温度较低，起动和停止速度快，作为固体电解质，也不存在液体泄漏的问题。

　　🖊即使在小容量下，发电效率也很高，从家庭用到汽车用，有望在各个领域实现实用化。

　　🖊铂催化剂需要高纯度的氢气，成本较高；为了氢离子的移动，对水分的管理等挑战依然存在。

有望实现小型轻量化的燃料电池

▶▶ 代替氢气的甲醇

在燃料电池的应用场景中，氢气由于在自然界中无法单独存在，其制取依赖于从天然气等资源出发，借助大型装置来实现。不仅如此，氢气在储存与运输环节面临诸多棘手难题，一旦操作稍有差池，就极有可能诱发重大事故。

鉴于此，人们创新性地将固体高分子燃料电池中的氢替换为甲醇，直接甲醇燃料电池（DMFC）便应运而生（见图 5-22）。甲醇具有成本低廉且处理相对简易的显著优势，无需配备重整反应器，整个系统构造简洁，这使其在小型轻量化的实现路径上独具潜力。其运行温度范围为室温至大约 80℃，同时运行过程静谧无声、振动微弱。

▶▶ 生成二氧化碳和水

当甲醇被供应至燃料极时，它会与水发生反应并释放电子，与此同时生成氢离子与二氧化碳。

从燃料极释放出的电子沿着导线传输至空气极。而氢离子则在电解液中迁移，到达空气极后与氧气及电子发生反应，从而生成水。将两极反应整合起来，其整体反应如图 5-23 所示。

与其他燃料电池形成鲜明对比的是，在该反应过程中，氢离子在电解液中持续移动，最终生成二氧化碳和水。

▶▶ 研发进展

回溯至 21 世纪后期，日本在移动用小型电池的商品化进程上取得了突破。然而，高纯度甲醇存在一个难以回避的问题，即它会穿透电解液的固体聚合物，进而引发交叉渗透现象，导致电压出现下降。尽管如此，科研人员在这一领域的探索脚步并未停歇，持续的研发投入使得用于紧急和户外电源的产品成功实现商品化，为相关应用场景提供了更多可选择的能源解决方案。

图 5-22 直接甲醇燃料电池的外观

MGC-FC46　　　　　MGC-FC56

出处：三菱煤气化学《产品概要》。

图 5-23 直接甲醇燃料电池的反应结构

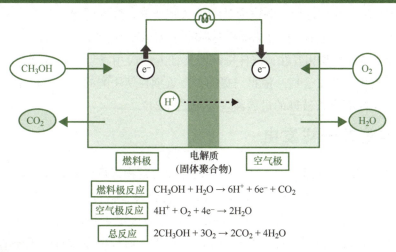

燃料极　　　电解质　　　空气极
　　　　（固体聚合物）

燃料极反应	$CH_3OH + H_2O \rightarrow 6H^+ + 6e^- + CO_2$
空气极反应	$4H^+ + O_2 + 4e^- \rightarrow 2H_2O$
总反应	$2CH_3OH + 3O_2 \rightarrow 2CO_2 + 4H_2O$

要 点

　　🖊 直接甲醇燃料电池不需要使用重整反应器，可以直接供给甲醇进行反应，系统得以简化，有望实现小型化。

　　🖊 直接甲醇燃料电池展示了与其他燃料电池不同的反应，即氢离子在电解质中持续移动并生成二氧化碳和水。

　　🖊 有一些为移动用途设计的小型电池实现了商品化，出于交叉渗透效应，电压下降的问题仍待解决。

利用微生物酶产生电力

▶▶ 利用微生物的酶

生物燃料电池作为一种独特的电池类型，深度借鉴了生命产生能量的内在机制，具体而言，是巧妙地借助微生物或酶来实现电能的生成。

在生物燃料电池的运行体系中，无需使用铂催化剂等价格高昂的材料，并且能够在室温环境下稳定运行。酶作为其中的关键要素，成本低廉，来源几乎不受限制，更重要的是，它不会像金属那样对环境造成污染。此外，基于酶的生物燃料电池展现出卓越的生物相容性，这种特性使其在人体应用场景中相较于传统金属燃料电池具有更高的安全性。值得一提的是，近期在使用酶的可穿戴设备用电池研发领域，不断有令人鼓舞的进展涌现（见图 5-24）。

▶▶ 像吃饭一样发电

人类在新陈代谢过程中，依靠各种消化酶对食物进行分解转化，从而获取生物活动所需的能量。人类的食物主要由碳水化合物、脂肪和蛋白质等成分构成，这些物质本质上是由碳原子相互连接而成，并通过电子相互作用维持其结构稳定。而生物燃料电池则是巧妙地利用了这一原理，通过精准切断这些碳之间的连接，从而有效地提取电子，实现电能的产生。

▶▶ 利用两种酶

图 5-25 清晰地展示了以葡萄糖作为燃料的生物燃料电池反应结构。在燃料极表面精心涂覆有消化酶，其作用在于催化葡萄糖的分解反应。而在空气极表面，则涂覆有与消化酶功能相反的还原酶，这类酶主要负责分子的合成反应。

当葡萄糖被供应至燃料极时，它会与消化酶发生特异性反应，释放出电子，同时生成氢离子和葡萄糖酸。释放出的电子沿着导线有序地移动到空气极。氢离子则透过隔膜，与空气极处的还原酶、供应的氧气及迁移过来的电子共同作用，最终生成水。

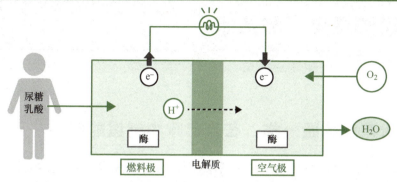

图 5-24　以尿液或汗液为燃料的生物燃料电池的反应结构

※设想应用于医疗、护理、健康等领域的可穿戴生物传感器实现实用化。

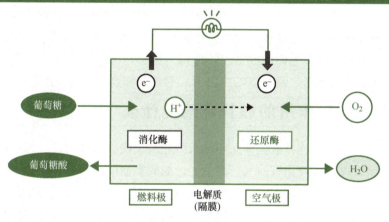

图 5-25　以葡萄糖为燃料的生物燃料电池的反应结构

要 点

> 🖋 生物燃料电池是一种利用微生物或酶的电池，特别是利用酶的电池的研发进展引人注目。
>
> 🖋 这种电池不需要铂催化剂等昂贵的材料，可以在室温下运行。作为燃料的酶既便宜又无限存在，并且不像金属那样会污染环境。
>
> 🖋 使用酶的生物燃料电池具有高生物亲和性，被认为比使用金属的燃料电池更安全，尤其是在人体内使用等场合。

在家制造电力和热水

▶▶ 像家庭菜园一样，在自己家中制造能源

　　能源农场作为一种创新型家用燃料电池，赋予了家庭自主生产电力并同时加热热水的能力。其名称巧妙地融合了"能源"与"农场"的概念，自 2009 年起，在日本由煤气公司等相关机构开启商业化销售进程。

　　在推广初期，由于其较高的价格门槛，普及速度较为缓慢。然而，2011 年的东日本大地震成为一个转折点，在震灾导致停电的特殊背景下，能源农场作为一种独立型电源，能够与蓄电池和太阳能发电系统协同工作，为家庭提供稳定的电力支持，其在灾难应急准备方面的重要性得到了广泛认可。此后，其普及数量呈现出逐年稳步递增的良好态势，截至 2022 年 3 月，累计安装数量已成功突破 43 万台。

▶▶ 正在发挥作用的燃料电池是什么

　　能源农场主要由燃料电池单元和储水单元两大核心部分构成。其运行所采用的燃料为城市煤气或液化石油气，在单元内部的重整反应器中，燃料中的氢气被精准提取出来，并与空气中的氧气通过化学反应产生电力（见图 5-26）。家庭日常使用该电力来驱动照明设备或电视等，从而有效减少了从电力公司购买电力的需求，达成了显著的节电效果。与此同时，化学反应过程中产生的热能被充分利用，用于加热储水单元中的水，这些热水可便捷地应用于厨房烹饪和浴室洗浴等场景。传统发电厂在发电过程中产生的大量热能往往难以得到有效利用，并且在电力输送环节还会不可避免地产生输电损失。与之形成鲜明对比的是，能源农场作为家庭分布式能源系统，安装在家庭内部使用，极大地减少了能量传输过程中的损耗，其能源综合利用率预计可高达约 90%（见图 5-27）。

▶▶ 燃料电池的比较

　　在能源农场系统中所采用的燃料电池主要有两种类型：固体高分子燃料电池和固体氧化物燃料电池。固体高分子燃料电池虽然发电效率相对偏低，但其在废热回收方面表现出色，并且起动和停止过程相对便捷迅速。而固体氧化物燃料电

池则在单元小型化设计上独具优势，发电效率相对较高，不过其废热回收率则相对较低。这两种燃料电池在能源农场系统中相互补充，共同为家庭能源供应提供了高效、稳定且环保的解决方案。

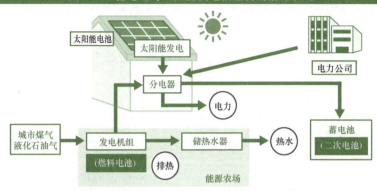

图 5-26　蓄电池与太阳能发电相组合的能源农场

图 5-27　与传统能源系统的比较

 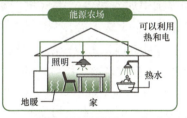

优点	· 家用不需要新的空间(能源农场需要空间) · 现阶段，传统系统的成本更低	· 因为在使用的地方制造能量，所以热和电的损耗很少 · 能源利用率为85%~97%
缺点	· 因为制造能量的地方和使用能量的地方分开，所以热和电的损耗很多 · 能源利用率约为41%	· 产品价格很高 · 有些型号在停电时不能使用

要点

✎ 能源农场是一种既可以发电又可以利用废热的设备，适合家庭安装使用，没有输电损失，能源利用率得到提高。

✎ 蓄电池和太阳能发电相结合，作为灾害时的应急准备，具有潜在的应用价值。

✎ 能源农场有两种类型：固体高分子型的发电效率较低，但废热回收率较高；固体氧化物型的发电效率较高，但废热回收率较低。

用铅笔和水制作燃料电池

燃料电池作为下一代环保能源备受期待（如第5章所述），它与水电解过程相反，能够从水中产生电能。虽然实际的燃料电池需要昂贵的催化剂等材料，但此次实验尝试用身边常见的材料来模拟燃料电池。需要注意的是，该实验务必在开窗通风的环境下进行。

准备材料

- 铅笔2支（削尖两端）
- 实验用电子音乐盒
- 导线
- 盐水（氯化钠水溶液）
- 9V方形电池
- 带盖的塑料杯

实验步骤

① 向杯子中加入超过一半容量的水，然后放入一茶匙盐并搅拌使其溶解，制成盐水溶液。盖上杯子盖，调整铅笔位置，使铅笔芯浸入盐水中。

② 用导线将铅笔芯和9V方形电池连接起来，当看到铅笔芯表面开始冒出气泡时，说明水正在被电解，持续3min后断开导线。

③ 将导线从电池上取下，然后连接到电子音乐盒上，观察是否有声音发出，以此来判断是否产生了电能，从而验证是否成功模拟了燃料电池的发电过程。

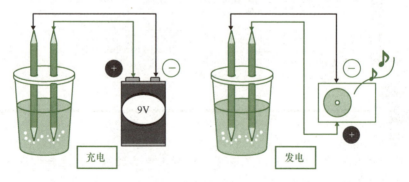

参考：日本关西电力公司"制作燃料电池，进行发电吧！"。

第6章

将光和热转化为电能

~探索无化学反应的物理电池~

将太阳光转化为电能的电池

▶▶ 我们经常看到的那些面板也是电池的一种

近年来，太阳能面板在建筑物屋顶及路灯等区域的出现愈发频繁。这些面板实际上属于太阳能电池这一物理电池（参见 1-2 节）范畴，它们借助太阳光等光源照射物质时产生的光生伏打效应来获取电能。只要有光线照射，就能持续产生电能，其如同发电装置一般，也被称为太阳能发电（PV）（参见 3-18 节、5-12 节）。

▶▶ 相机的感光计是太阳能电池

1839 年，法国的亚历山大·埃德蒙·贝克勒尔发现了光生伏打效应，即当光照射到浸于电解液中的一对铂电极上时，会有微弱电流产生（见图 6-1）。1876 年，英国的威廉·格里尔·亚当斯和理查德·埃文斯·戴发现，在金属板上涂覆硒，光照其表面能产生电能。利用硒的这种电动势，1884 年，美国的查尔斯·弗里茨发明了世界上首个太阳能电池——硒太阳能电池，该电池直至 20 世纪 60 年代一直被用作相机的感光计（见图 6-2）。

▶▶ 迅速扩散的太阳能电池

现今这种常见的太阳能电池是 1954 年由美国贝尔实验室发明的，其很快便在宇宙领域实现实用化，1958 年，首个宇宙用太阳能电池被搭载于科学卫星上。

在日本，从 1963 年开始生产太阳能电池，在 1967 年将其搭载于人造卫星上，同年，世界上首款装有太阳能电池的电子表也成功发售。近年来，太阳能电池被应用于手表、手机等，并且与二次电池相结合，实现白天发电夜间使用，还被用于路灯及能源农场（参见 5-12 节）等。

图 6-1　贝克勒尔太阳能电池的原型

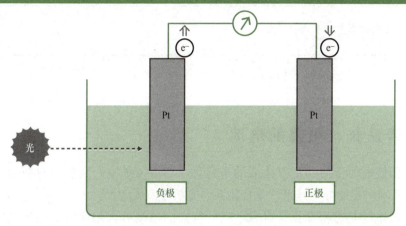

图 6-2　搭载于相机的硒太阳能电池

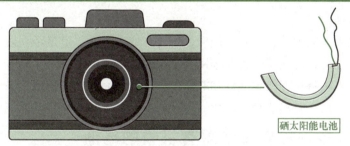

硒太阳能电池

硒太阳能电池在有光照射时能够产生少量电流，
因此被用于光测量，特别是用在相机的感光计中

要点

　　✎ 太阳能电池是一种能够直接将太阳光等光源的能量通过光生伏打效应转换成电能的电池。

　　✎ 太阳能电池是一种发电装置，只要光线照射，就能持续产生电力。

　　✎ 世界上最早的硒太阳能电池产生的电流非常小，它作为相机的感光计一直使用到 20 世纪 60 年代。

太阳能电池分类

▶▶ 寿命长、可靠的电池

太阳能电池依据其主要构成的半导体（参见 6-3 节）材料可进行分类，如图 6-3 所示，主要分为硅系、化合物系、有机系三大类别。

硅系电池具有寿命长、可靠性高的特点。单晶硅太阳能电池的转换效率相对较高，但因需要大量高纯度硅，成本也较高。多晶硅太阳能电池的转换效率虽不及单晶硅，但其成本较低，所以在住宅用太阳能电池领域应用最为广泛（见图 6-4）。

薄膜太阳能电池的转换效率偏低，不过其成本更低、重量轻、耐热性强，还能够实现柔性化，可适用于此前难以安装太阳能电池的场所。非晶硅是未结晶的硅，发电效率较低，而将单晶硅和非晶硅多层叠加而成的多结型 HIT 太阳能电池的发电效率较高，且已实现实用化。

▶▶ 结合多种材料或使用有机物的电池

化合物系太阳能电池是指采用多种材料的电池类型。主要包含镓和砷组成的 GaAs 太阳能电池，镉和碲组成的 CdTe 太阳能电池，铜、铟、硒组成的 CIS 太阳能电池，以及将构成 CIS 的铟部分替换为镓的 CIGS 太阳能电池。这些电池因含有稀有金属或有害物质，并且存在转换效率等方面的问题，尚未达成实用化。但由于其材料组合的可能性众多，故而其未来的研究开发前景备受期待。

有机系太阳能电池与使用无机材料的硅系和化合物系太阳能电池不同，它采用有机物材料，可分为有机薄膜系和色素增感系，其制作方法极为简单且成本低廉。不过，在转换效率和电池寿命等方面仍存在问题，有待进一步深入研究开发。近期，钙钛矿太阳能电池（参见 6-5 节）备受关注。

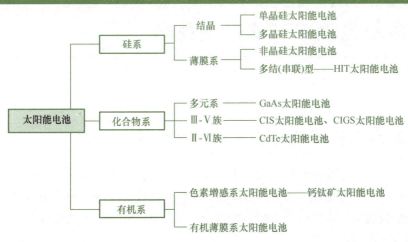

图6-3　按半导体材料分类的太阳能电池

太阳能电池
- 硅系
  - 结晶
    - 单晶硅太阳能电池
    - 多晶硅太阳能电池
  - 薄膜系
    - 非晶硅太阳能电池
    - 多结(串联)型——HIT太阳能电池
- 化合物系
  - 多元系——GaAs太阳能电池
  - Ⅲ-Ⅴ族——CIS太阳能电池、CIGS太阳能电池
  - Ⅱ-Ⅵ族——CdTe太阳能电池
- 有机系
  - 色素增感系太阳能电池——钙钛矿太阳能电池
  - 有机薄膜系太阳能电池

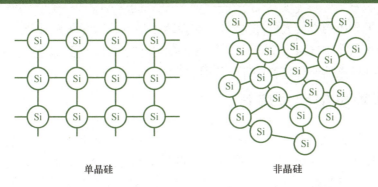

图6-4　单晶硅与非晶硅的差异

单晶硅　　　　　　非晶硅

要点

📝 太阳能电池根据构成材料主要可以分为三大类：硅系、化合物系和有机系。

📝 使用硅材料的多晶硅太阳能电池，虽然转换效率没有同为硅材料的单晶硅太阳能电池高，但成本较低，是建筑物用途中最普及的太阳能电池。

📝 在有机系中，色素增感型钙钛矿太阳能电池作为下一代有潜力的太阳能电池而备受关注。

太阳能电池不可或缺的材料

▶▶ 支撑太阳能电池的技术、半导体

构成太阳能电池的材料大多为半导体。半导体是一种具有介于导体（如金属等易于传导电流的物质）和绝缘体（如玻璃、橡胶等完全不传导电流的物质）之间性质的材料。半导体具有这样的特性：当受到外部光、热等能量作用时，电流更易流动（见图 6-5）。

▶▶ 半导体中不可或缺的元素"硅"

硅系半导体的主要成分硅（Si），是地球上储量仅次于氧的元素，其以二氧化硅的形式存在于硅石和硅砂中（见图 6-6）。纯净的硅几乎不导电，然而添加杂质后，其导电性能会显著提升，从而成为半导体。

▶▶ 两种类型的半导体

硅系太阳能电池运用了两种电性不同的半导体，即 n 型半导体和 p 型半导体。向纯净的硅中添加磷（P）等元素可制成 n 型半导体，而加入硼（B）等元素则制成 p 型半导体。

n 代表 Negative（负），意味着因添加杂质而使硅中产生多余的负电荷电子的状态。也就是说，n 型半导体处于易于释放电子的状态。

p 代表 Positive（正），表示因添加杂质而使硅中缺少电子的状态。这种缺少电子的部分，也可称之为带有正电荷的空穴（Hole）。即 p 型半导体处于易于接收电子的状态（见图 6-7）。

图 6-5 物质与电流传导难易程度

电流容易流动

导体 …… 铜、铁、金、银、铝等金属

半导体 …… 碳、锗、硅

绝缘体 …… 橡胶、玻璃、陶瓷、云母

电流不易流动

图 6-6 地球的地壳中元素的重量比

排名	元素	克拉克值
1	氧气	49.5
2	硅	25.8
3	铝	7.56
4	铁	4.7
5	钙	3.39

※克拉克值是指用重量比来表示地球上地表附近存在的元素所占比例的数值。

来源：日本信越化学工业株式会社"什么是有机硅？"。

图 6-7 n 型半导体、p 型半导体示意图

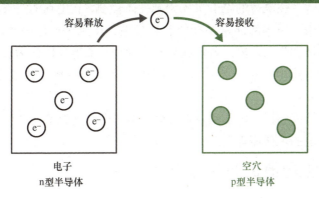

容易释放   容易接收

电子
n型半导体

空穴
p型半导体

要点

　半导体具有介于导体和绝缘体之间的性质，当外部施加光或热等能量时，其导电性会增加。

　目前使用的许多太阳能电池都是硅系太阳能电池。

　n 型半导体容易释放电子，而 p 型半导体容易接收电子。

最普遍的太阳能电池

▶▶ 叠加两个半导体就能形成电池吗

当 n 型半导体与 p 型半导体重叠并结合时，仅需光线照射就能产生电流。在光线照射前，先将这两种半导体进行结合。在结合部位，n 型侧的负电荷电子与 p 型侧的正电荷空穴相互吸引，电性中和结合后消失，从而形成一个不存在电荷的区域（耗尽层）。接着，n 型半导体、结合部分的耗尽层、p 型半导体各自均处于能量平衡的稳定状态（见图 6-8）。

▶▶ 照射光线产生电力

然后，当结合部分的耗尽层受到光线照射时，原本消失的耗尽层中的电子和空穴会再次出现。负电荷的电子向 n 型半导体移动，正电荷的空穴向 p 型半导体移动。如此一来，原本的能量平衡状态被打破，产生了推动电子向外移动的力量，这种力量被称为电动势，若连接外部电路，n 型半导体作为负极，p 型半导体作为正极，电路中便会产生电流（见图 6-9）。这些现象构成了光生伏打效应（参见 6-1 节）。

只要光线持续照射，电子和空穴就会不断产生，进而持续产生电力。这便是硅系太阳能电池的工作原理。

▶▶ 太阳能电池的巧妙设计

硅系太阳能电池的结构是在表面叠加 n 型半导体，在背面叠加 p 型半导体。由于硅在光线照射时约有 30% 以上会被反射，为了提升光线吸收效果，在太阳能电池的半导体部分加装了反射防止膜。太阳能电池的表面和背面均装有用于导出电力的铝电极（见图 6-10）。

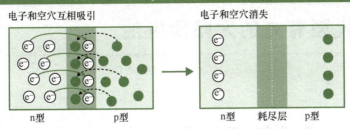

图 6-8　n 型和 p 型半导体结合后的状态

电子和空穴互相吸引

电子和空穴消失

n型　　　　p型

n型　　耗尽层　　p型

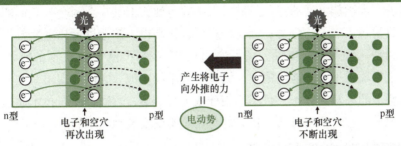

图 6-9　光照下的 n 型和 p 型半导体结合

光

光

n型　　　　p型

产生将电子
向外推的力
＝
电动势

n型　　　　p型

电子和空穴
再次出现

电子和空穴
不断出现

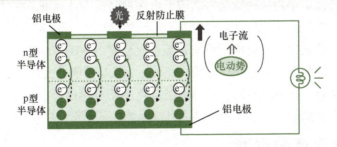

图 6-10　硅系太阳能电池的结构

铝电极

光

反射防止膜

n型
半导体

p型
半导体

电子流

电动势

铝电极

要点

    ✎ n 型半导体和 p 型半导体的结合部分，n 型侧的电子和 p 型侧的空穴结合并消失，形成一个没有电荷的区域（称为耗尽层）。

    ✎ 当光照射到结合部分的耗尽层时，带负电荷的电子会移动到 n 型半导体，带正电荷的空穴会移动到 p 型半导体，从而形成正负电极。

    ✎ 硅系太阳能电池是由 n 型半导体和 p 型半导体叠加，覆盖有铝电极的结构组成。

下一代强有力的太阳能电池

▶▶ 在日本发现的新型太阳能电池

当前，太阳能电池的主流是硅系太阳能电池，但其存在两个显著问题：一是厚度和重量较大、无法弯曲；二是硅材料价格高昂，制造过程耗电量大。

作为新一代太阳能电池，备受瞩目的焦点是 2009 年由日本的宫坂力发现的一种色素增感型太阳能电池——钙钛矿太阳能电池。它已展现出与硅系太阳能电池相媲美的高转换效率，且不使用硅或稀有金属，可通过涂布技术制造，成本极低。此外，它轻薄可弯曲，最大优势在于不受安装地点限制。

▶▶ 钙钛矿电池的原理

被称为钙钛矿结构的独特晶体结构可由多种物质合成（见图 6-11）。这些物质统称为钙钛矿。

电池的原理是在负极电极侧将有机系的钙钛矿（$NH_3CH_3PbI_3$）晶体薄膜涂布于金属氧化物膜上，然后进行光照。此时，钙钛矿层吸收光线并释放电子。电子通过外部电路，被有机系的空穴传输层接收（见图 6-12）。

如此，在光照期间，电子持续流向外部电路，从而可从中获取电力。

▶▶ 亟待攻克的难题

现阶段，薄膜状钙钛矿太阳能电池的开发正如火如荼地进行，不过钙钛矿稳定性不足，对热等外部因素敏感，而且因铅的存在而存在环境隐患，这些问题迫切需要找到解决方案。

图 6-11　钙钛矿晶体结构

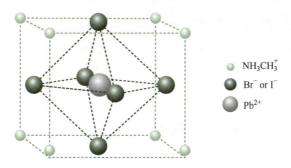

- ● NH$_3$CH$_3^+$
- ● Br$^-$ or I$^-$
- ● Pb^{2+}

出处：日本科学技术振兴机构"钙钛矿太阳能电池的开发"。

图 6-12　钙钛矿太阳能电池的原理

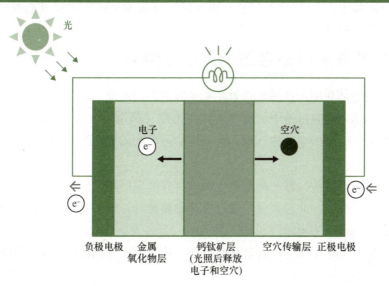

光

电子　　　　　　　空穴

e$^-$　　　　　　　●

e$^-$　　　　　　　　　　　　　　e$^-$

负极电极　金属　　　钙钛矿层　　空穴传输层　正极电极
　　　　　氧化物层　（光照后释放
　　　　　　　　　　电子和空穴）

要点

　　✐钙钛矿太阳能电池的最大优势在于成本低、轻薄且可弯曲，可以安装在多种地点。

　　✐钙钛矿结构是一种独特的晶体结构，允许将各种物质混合制造。

　　✐钙钛矿太阳能电池容易受到热等外部因素的影响，其耐久性存在挑战，同时由于含有有害物质铅，对环境的影响令人担忧。

第 6 章

从热中提取电力的电池

▶▶ 金属加热后会变成电流吗

当两种金属或半导体的两端相连，并在两端施加温度差时，电流就会产生。例如，将铜线和镍铬线拧合在一起，仅加热拧合部位。这样，未加热部分与加热部分之间便会产生温度差，电子从低温侧向高温侧移动，产生起电现象并形成电流。这一现象于 1821 年由德国托马斯·泽贝克发现，被称为泽贝克效应（热电效应、热电转换效应）（见图 6-13）。

▶▶ 使用与太阳能电池相同的半导体

热电池便是利用这种泽贝克效应来获取电力的电池。

在已实用化的热电池中，有热电转换元件（热电发电模块）。这些元件采用比金属热电势更高的半导体制成，且使用的是与太阳能电池相同的 n 型半导体和 p 型半导体。

当加热热电转换元件的高温侧电极时，在高温区域会产生电子和空穴，它们会向低温区域移动。此时，电子通过外部电路流动，电子和空穴试图结合以达到稳定状态，从而产生电流（见图 6-14）。

由此可见，热电池并非通过化学反应，而是直接从热能中获取电力，属于物理电池的一种。

▶▶ 回收利用被丢弃的热量

热电池被应用于小型冰箱、葡萄酒冷却器，以及偏远地区、宇宙和海底的长期免维护电源等场景。同时，关于如何有效回收家庭或工厂的废热、地热、海洋热等以往被废弃的热量的研究也正在开展。

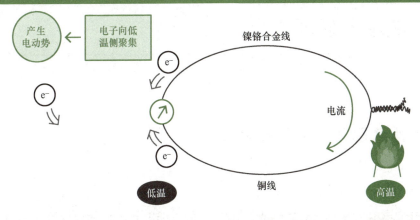

图 6-13　泽贝克效应的原理

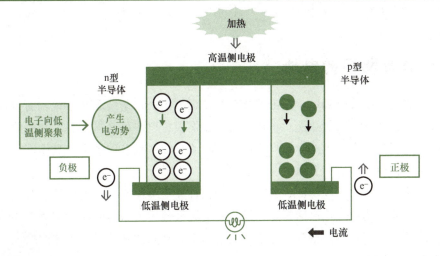

图 6-14　热电转换元件的结构

第
6
章

要点

　　🖊热电池是利用泽贝克效应来发电的装置。泽贝克效应是指在两种金属或半导体构成的闭合回路中，两端施加温度差时会产生电流的现象。

　　🖊目前实用化的热电池使用半导体材料，与太阳能电池一样，采用 n 型半导体和 p 型半导体来发电。

　　🖊热电池能够直接从热能中获取电能，是物理电池的一种。

第 6 章　将光和热转化为电能

从核能中制造电力

▶▶ 将核能转化为电池电力

听到"用核能发电",可能很多人会联想到核能发电。但是,这是和火力发电一样的发电方式,不是电池。

核能电池(又称放射性电池、同位素电池、RI 电池)利用放射性物质(放射性同位素)衰变时释放的热量来产生电力。最初使用的放射性物质包括铈、钇、锶等,但如今几乎都采用钚,自 20 世纪 60 年代起在宇宙应用领域实际运用。

▶▶ 长期稳定的电池

当放射性物质受到中子撞击并衰变时,释放出的 α 射线和 β 射线辐射被物质吸收后,会释放出大量热能。将热能封闭于保温材料中可获得高温,利用此高温与周围环境的温差产生的泽贝克效应(参见 6-6 节)来获取电力。具体而言,是借助热电转换元件进行发电(见图 6-15)。

所使用的放射性废物钚,其物质中的核种衰变至稳定状态需要极长时间。因此,它能够长期稳定地供应能量,被搭载于无法使用太阳能的深空探测等探测器上。此外,因其长寿命特性,也曾被用于人工心脏起搏器,以减少体内植入手术的次数(见图 6-16)。

然而,由于人造卫星事故导致搭载的钚坠落到地面并释放到空间,以及将放射性物质完全封闭于人工心脏起搏器的小电池中的技术难度较大等问题,如今已逐渐被寿命足够长的锂离子电池所取代。近年来,使用碳 14 的金刚石电池研究受到关注。

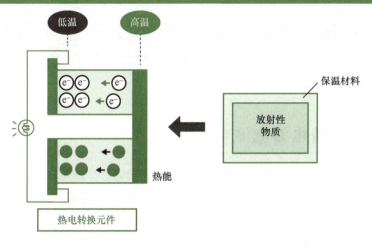

图 6-15　核能电池的原理

低温　高温

保温材料

放射性
物质

e⁻ e⁻ ← e⁻
e⁻ e⁻ ← e⁻

热能

热电转换元件

图 6-16　核能电池的结构

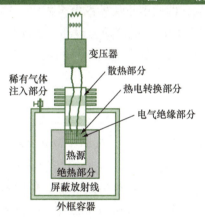

变压器

稀有气体
注入部分

散热部分

热电转换部分

电气绝缘部分

热源
绝热部分
屏蔽放射线

外框容器

出处：核能百科全书 ATOMICA《热电式原子
电池的结构》。

※上述出处为《放射线的工业利用》（小林
昌敏，幸书房，1977 年）。

要 点

🖊 核能电池中使用的放射性物质，目前几乎全部是钚。

🖊 在核能电池中，利用放射性物质与中子发生碰撞并衰变时释放出的高
热，通过热电转换元件来产生电力。

🖊 能够长时间稳定地供应能量的核能电池曾被用于宇宙探测器和心脏起
搏器等设备，但现在这些应用已经转为使用锂离子电池。

不发生化学反应就能储存电力的蓄电装置①

▶▶ 蓄电装置电容器

电容器与电池类似，具备储存和释放电能的功能，广泛集成于众多电子设备之中。电容器的基本结构是在两个导电的金属板之间夹着一个不导电的绝缘体（参见 6-3 节）。

当从外部电极向电容器供电时，电流不会流过绝缘体，而是在两个电极板上分别积聚负电荷的电子和正电荷的空穴。这些电子会吸引绝缘体两端的电子，从而形成电子聚集的状态。这被称为介电极化，即便停止从外部电极供电，这种状态仍能维持（见图 6-17）。若在电路上安装白炽灯，电流便会流动，实现放电。

综上所述，电容器是一种无需化学反应、直接储存电能，并能在需要时释放电能的蓄电装置。

▶▶ 再现电容器相同现象

在电解质中放入两种不与电解质反应的金属板并通电，就会如同电容器一般产生介电极化。例如，在负极界面和电解质界面，电极侧会吸引负电荷的电子、电解质侧会吸引电解质中的阳离子，从而形成电荷层。这被称为双电层（见图 6-18）。同样，在正极界面，因介电极化作用，正电荷的空穴和阴离子被吸引，也形成双电层。

如此，使用不参与电池化学反应的材料作为电极和电解质，并在它们之间通电，就会在电极和电解质界面产生双电层。利用这种双电层进行蓄电的便是双电层（超级）电容器（EDLC）。

双电层电容器可以说是一种不依赖化学反应蓄电、在需要时释放电能的物理型二次电池。

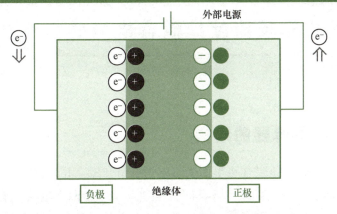

图 6-17　电容器的介电极化

外部电源

负极　　　　绝缘体　　　　正极

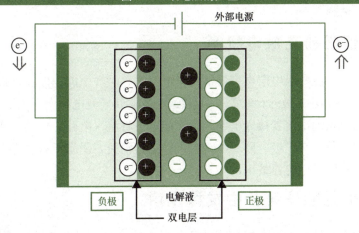

图 6-18　双电层的产生

外部电源

负极　　　　电解液　　　　正极

双电层

要点

　　🖊 电容器是一种不涉及化学反应、能够直接存储电能并在需要时释放电能的储能设备。

　　🖊 当使用不发生化学反应的材料制成电极和电解液，通过电流时，会在电极上形成双电层。

　　🖊 双电层电容器是一种不依赖化学反应而是通过生成双电层来实现充放电的物理型二次电池。

不发生化学反应就能储存电力的蓄电装置②

▶▶ 双电层电容器的结构

双电层电容器于 1957 年由美国通用电气公司开发，并在 1987 年由日本率先在全球实现实用化。电容器的结构与化学电池相似，由两个电极、集流体、电解质和隔膜组成。电极通常采用相同材料，如多孔活性炭等。电解质则与二次电池一样，依据用途选用有机溶剂或水溶液等。双电层电容器有圆柱形、箱形、硬币形等多种形状。

▶▶ 电容器的充放电机制

当从外部电源向双电层电容器的两个电极供电时，电能积聚在电极与电解质界面，形成双电层（参见 6-8 节）。此时，电容器处于充电状态（见图 6-19）。

若将已充电的电容器接入电路，负极的电子将流入电路，阳离子离开界面并在电解质中扩散。在正极，随着电子流入，空穴消失，阴离子离开界面并在电解质中扩散。这便是电容器放电的状态。

▶▶ 在小型电子设备中发挥作用

双电层电容器的充放电过程不涉及化学反应，仅仅是电解质中离子的移动。即便反复充放电，其性能几乎不会劣化，循环寿命可达数百次。此外，其充放电时间短、使用温度范围广。不过，它也存在一些不足之处，如能量密度较小、自放电相对较大、成本较二次电池偏高。

硬币形双电层电容器常被应用于小型电子设备的内存备份及备用电源等场景（见图 6-20）。同时，大型化的双电层电容器在建筑机械领域也已实现实用化，如搭载电容器的液压设备等。

图 6-19　双电层电容器的充放电

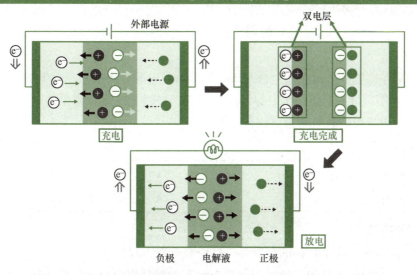

外部电源

双电层

e⁻

充电

充电完成

e⁻

放电

负极　　电解液　　正极

图 6-20　双电层电容器的结构

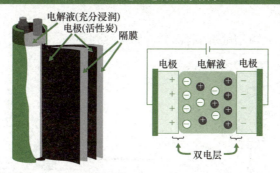

电解液(充分浸润)
电极(活性炭)
隔膜

电极　　电解液　　电极

双电层

出处：日本化学工业株式会社"DLCAP 基础知识"。

要点

    🖊 双电层电容器的结构与化学电池类似，由两个电极和集流体、电解液、隔膜组成。

    🖊 双电层电容器的充放电过程不涉及化学反应，即使反复充放电，性能劣化也非常小，循环寿命可以达到数百次。

    🖊 双电层电容器因其小型化的特点，经常被用于小型电子设备的内存备份，例如，硬币形电容器被用作应急电源等。

自制莱顿瓶（电容器）

用来存储电能的电容器（参见 6-8 节）由导电的金属板和不导电的绝缘体构成。1746 年，世界上第一个电容器是莱顿瓶，当时是用涂有锡箔的玻璃制成的，这次我们用身边的材料来尝试制作一下。

准备材料

- 2 个塑料杯
- 化纤围巾
- 铝箔
- 1 个细长的气球

制作方法

① 制作两个卷上铝箔的塑料杯，然后叠放在一起。

② 在两个杯子之间，插入一条约 1cm 宽的细长铝箔作为凸起部分。

③ 通过摩擦气球和化纤围巾产生静电，然后将气球靠近杯子的凸起部分。重复这个动作几次。

④ 手持杯子，尝试触摸凸起部分。如果感到刺痛，就说明成功了。

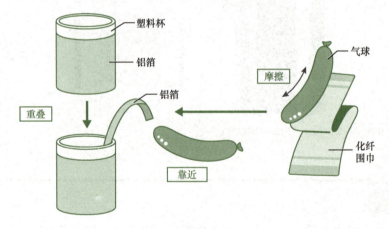

塑料杯
铝箔
铝箔
气球
摩擦
重叠
靠近
化纤围巾

第 7 章

电池世界

~处于变化之中的日本电力能源~

可再生能源的电力储存与二次电池

▶▶ 日本的能源状况

日本的能源供应在很大程度上依赖石油、煤炭和 LNG（天然气）等化石燃料。日本本土此类能源资源匮乏，绝大多数能源需从日本国外进口。在 20 世纪 70 年代的石油危机期间，日本对化石燃料的依赖度曾略有下降，但在 2011 年东日本大地震之后又再度攀升，至 2019 年已达 84.8%（见图 7-1）。这种对日本国外能源资源的高度依赖，在遭遇国际局势动荡时，能源的稳定供应面临严峻挑战。

▶▶ 能源的稳定供应

人们的关注点逐渐转向了可再生能源，即利用日本国内丰富的太阳能和风能进行发电，而非依赖进口的化石燃料。然而，可再生能源的发电量不仅受季节和天气左右，在一天之中的不同时段也会有大幅波动，仅依靠可再生能源难以满足电力需求。同时，电力需求因昼夜差异而变化，尤其在盛夏时节达到峰值，其他时段则相对较低。为实现能源的稳定供应，需要综合运用可再生能源及火力发电和水力发电等可调节发电量的发电方式。

▶▶ 电力储存用的二次电池

若能有效利用二次电池，便可在电力需求较低的时期储存多余电力（剩余电力），并在用电高峰或灾害发生时投入使用。小规模应用场景中，锂离子电池（参见第 4 章）和镍氢电池（参见 3-13 节）较为常见；中到大规模应用场景则有 NaS 电池（参见 3-16 节）和氧化还原液流电池（参见 3-19 节）等二次电池被用于电力储存（见图 7-2）。

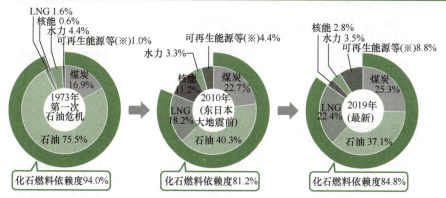

图 7-1　日本化石燃料的供应变化趋势

LNG 1.6%
核能 0.6%
水力 4.4%
可再生能源等(※)1.0%
煤炭 16.9%
1973年 第一次 石油危机
石油 75.5%
化石燃料依赖度94.0%

可再生能源等(※)4.4%
水力 3.3%
核能 11.2%
煤炭 22.7%
2010年 (东日本 大地震前)
LNG 18.2%
石油 40.3%
化石燃料依赖度81.2%

核能 2.8%
水力 3.5%
可再生能源等(※)8.8%
煤炭 25.3%
2019年 (最新)
LNG 22.4%
石油 37.1%
化石燃料依赖度84.8%

※由于四舍五入的关系，有时合计不为 100%。

※可再生能源等（除水力以外的地热、风力、太阳光等）包含未利用的能源。

出处：日本经济产业省资源能源厅"日本能源 2021 年度版《了解当下能源的 10 个问题》"。

图 7-2　可再生能源与二次电池

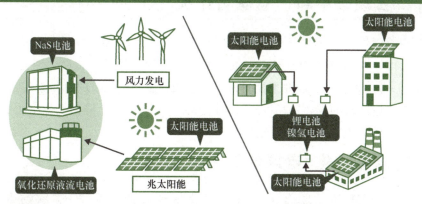

NaS电池
风力发电
氧化还原液流电池
太阳能电池
兆太阳能
太阳能电池
太阳能电池
锂电池 镍氢电池
太阳能电池

要点

　　📝 日本的能源在很大程度上依赖于化石燃料，日本国内能源资源匮乏，大部分能源需要进口。

　　📝 可再生能源的发电量受季节和天气等因素影响而波动较大，日本将火力发电和水力发电等可调节发电量的传统能源与可再生能源相结合。

　　📝 在电力需求较低的日子，日本将多余的电力储存在二次电池中，以便在电力需求较高或灾害时使用。

将二氧化碳排放量降至零

▶▶ 将全球平均气温上升控制在 1.5℃以内

近年来，"碳中和"一词频繁见诸媒体，其源于联合国政府间气候变化专门委员会（IPCC）在 2018 年发布的《全球 1.5℃增暖特别报告》。该报告依据 2016 年《巴黎协定》的长期减排目标，指出为将全球平均气温上升幅度控制在 1.5℃以内，需在 2050 年左右达成碳中和。为响应这一倡议，包括日本在内的 120 多个国家和地区已宣布"2050 年实现碳中和"的目标（见图 7-3）。

▶▶ "实现碳中和"意味着什么

日本政府所追求的碳中和，并非仅针对二氧化碳（CO_2）排放，还涵盖甲烷（CH_4）、一氧化亚氮（N_2O）和氟利昂等温室气体排放，旨在"整体上将排放量降为零"。换言之，就是要使排放量减去吸收量与消除量的总和为零。

对于难以削减的排放量，可通过植树造林等方式，借助植物光合作用增加大气中二氧化碳的吸收量来予以抵消。

▶▶ 需求电气化×电源低碳化

日本在 2021 年的联合国《气候变化框架公约》第 26 次缔约方大会（COP26）上宣布"到 2030 年将温室气体排放量较 2013 年减少 46%"的自主减排目标。为实现如此大幅度的减排，需采取"需求电气化（将原本不依赖电力的设备改为用电设备）×电源低碳化（将发电方式转换为二氧化碳排放量较低的低碳模式）"的战略（见图 7-4）。

图 7-3　2050 年实现碳中和的构想

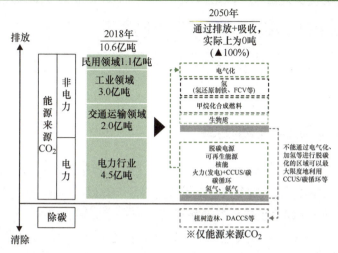

出处：日本经济产业省资源能源厅"碳中和是什么？（后篇）"。

图 7-4　需求电气化×电源低碳化的具体示例

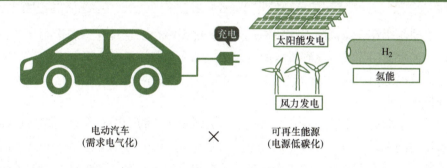

要点

✏ IPCC 在 2018 年的报告中建议，为了将全球平均气温上升控制在 1.5℃以内，需要在 2050 年左右实现碳中和。

✏ 日本政府所追求的碳中和意味着将温室气体排放量整体上实现净零排放。

✏ 为了实现碳中和，需要采取"需求电气化×电源低碳化"的策略。

改变日本能源结构的电动汽车

▶▶ 迅速普及的电动汽车

在爱迪生发明电动汽车（参见 3-10 节）大约 120 年后，电动汽车（EV）经历了一段被冷落的时期，如今却迎来了快速普及的热潮。英国、欧洲、印度已经明确计划从 2030 年起停止销售汽油和柴油汽车。在美国，部分州已确定自 2035 年起禁止销售燃油车，预计其他州也会陆续跟上这一趋势。日本也做出了在 2035 年停止燃油车新车销售的决定，而东京都更是打算从 2030 年起，针对乘用车率先禁止燃油车的销售。

▶▶ 电动汽车普及的意义

电动汽车在全球范围内加速普及，其关键原因在于它具有二氧化碳零排放的特性。如果使用无二氧化碳排放的可再生能源为车载二次电池充电（也就是所谓的零排放电源），那么汽车从生产到使用的整个生命周期内，二氧化碳排放量能够降低至零。

从日本的情况来看，在其二氧化碳排放总量中，包含汽车在内的交通运输部门占比达到 17.7%（见图 7-5）。由此可见，电动汽车的普及将会产生重大而积极的影响。一方面，它有助于缓解日本的能源自给率问题，减少对石油的依赖程度；另一方面，对于日本实现 2050 年碳中和的目标有着重要的推动作用，有望从根本上改变日本的能源消费结构。

▶▶ 电动汽车也可用作二次电池

车载二次电池具备储存多余电力的功能，在电力供应不足或者遭遇灾害期间，能够发挥重要作用。相比于专门购置价格昂贵的用于电力储存的二次电池，利用电动汽车上的移动电池来储存电力，成本会大大降低（见图 7-6）。而且未来，电动汽车的二次电池还有望应用于虚拟电厂（参见 7-4 节）和需求响应（参见 7-5 节）等领域，为能源的智能高效利用提供更多可能性，进一步推动能源领域的创新发展与变革。

图 7-5　日本的二氧化碳排放量比例图

日本的二氧化碳排放量

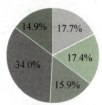

交通运输部门的二氧化碳排放量

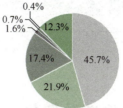

■ 运输部门(汽车、船舶等)1.85亿吨<17.7%>
■ 业务及其他部门1.82亿吨<17.4%>
■ 家庭部门1.66亿吨<15.9%>
■ 产业部门3.56亿吨<34.0%>
■ 其他1.55亿吨<14.9%>

■ 私家车8440万吨<45.7%>
■ 营业用货车4039万吨<21.9%>
■ 私家货车3210万吨<17.4%>
■ 巴士294万吨<1.6%>
■ 出租车126万吨<0.7%>
■ 两轮车75万吨<0.4%>
■ 其他(航空、内航海运、铁路)2294万吨<12.3%>

出处：日本国土交通省"交通运输部门的二氧化碳排放量"。

图 7-6　电动汽车的优势

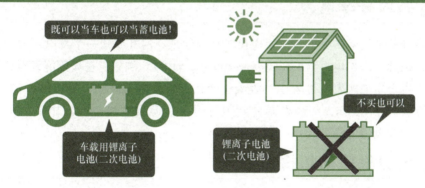

既可以当车也可以当蓄电池！

不买也可以

车载用锂离子电池(二次电池)

锂离子电池(二次电池)

要点

　　✐ 英国、欧洲和印度计划在 2030 年、美国部分州计划在 2035 年、日本计划在 2035 年停止销售新的汽油和柴油车。

　　✐ 预计使用可再生能源为电动汽车充电的二次电池将对日本减少二氧化碳排放产生重大影响。

　　✐ 利用车载二次电池，可以在不购买昂贵的二次电池的情况下，以较低成本存储电力。

发电厂虚拟化

▶▶ 电力发电系统分散化

在日本，传统电力系统是从发电厂等电力设施向个人住宅和办公室等用电方（消费者）输送电力。

然而，近年来，随着太阳能发电和燃料电池等小型发电设备在住宅和办公室的安装（见图 7-7），以及二次电池、电动汽车、热泵（※1）等的广泛普及，用电方开始自行发电并储存电能。

▶▶ 共同分享电力

将分散于住宅和办公室的发电设备整合起来，使其如同一个发电厂般运作的机制，被称为虚拟电厂（Virtual Power Plant，VPP）。例如，在太阳能发电或风力发电等可再生能源发电过程中，因天气变化导致发电量波动，易打破供需平衡。通过物联网技术（※2）远程调控其他可再生能源发电机或二次电池的电力输出，可实现电力的高效利用，避免浪费。

▶▶ 电力供需的指挥中心

在虚拟电厂中，存在一个被称为聚合商（Aggregator）的特定供应商，它在电力供应商与用电方之间调控整体平衡，扮演着指挥中心的角色（见图 7-8）。聚合商在需求响应（Demand Response，DR）（参见 7-5 节）中也承担着整合用电方并与电力公司进行协商的职责，并在电力市场中交易多余电力，作为新兴业务备受关注。

※1 热泵：一种能够收集大气中的热量等物质，并将其转化为较大热能加以利用的装置，常用于冷暖空调等设备。

※2 物联网技术：所有机器都连接到互联网，借助通信技术提供服务的物联网（Internet of Things，IoT）体系。

图 7-7 小规模发电示意图

图 7-8 虚拟电厂（VPP）及聚合商（Aggregator）示意图

要点

✎ 随着新电池的安装和技术的普及，用电方能够自己发电并储存电能。

✎ 虚拟电厂是一种将分散在住宅和办公室等地的发电设备集中起来，像一个发电站一样使用的机制。

✎ 在虚拟电厂中，聚合商作为指挥中心，负责在电力供应商和需求方之间控制整体的供需平衡。

解决可再生能源问题的负瓦特交易

▶▶ 可再生能源的挑战

随着电力发电系统朝着分散化方向发展，实现碳中和的进程不断加速。在此背景下，引入可再生能源愈发关键。

然而，可再生能源面临的一大挑战是其发电的波动性。太阳能发电和风力发电等的发电量会因天气、季节和时段的不同而产生大幅变化。因此，需要依据天气状况和发电量进行精细的供需调控。

▶▶ 用电方（消费者）进行调整

在此，需求响应（Demand Response，DR）成为关注焦点，它通过调整用电方的用电量和用电时间来改变电力需求模式。例如，在电力需求高峰的日间时段，如制冷、制热和照明等用电量大的时候，或者在太阳能发电量减少的傍晚时段，若用电方能够减少用电量，便可实现抑制需求的"降低需求响应"（见图 7-9）。相反，在春季或秋季的白天，太阳能发电量充足而电力需求相对较小，电力可能出现过剩的时期，则可实现增加用电量的"提高需求响应"（见图 7-10）。

▶▶ 电价型与激励型

以往通常采用在高峰时段提高电价的方式，以促使用电方抑制电力需求（电价型）。而激励型需求响应（负瓦特交易）系统则允许用电方事先与电力公司约定在高峰时段节约用电，并在响应请求时通过节约用电获取报酬或补偿（见图 7-10）。

这种负瓦特交易在过去被认为难以在个人小额用电方中实现，但为达成碳中和目标，其推广普及备受期待。

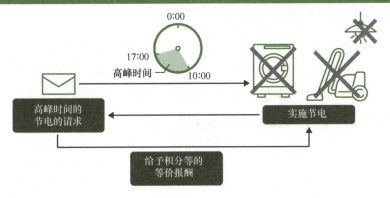

图 7-9　降低需求响应和提高需求响应的示意图

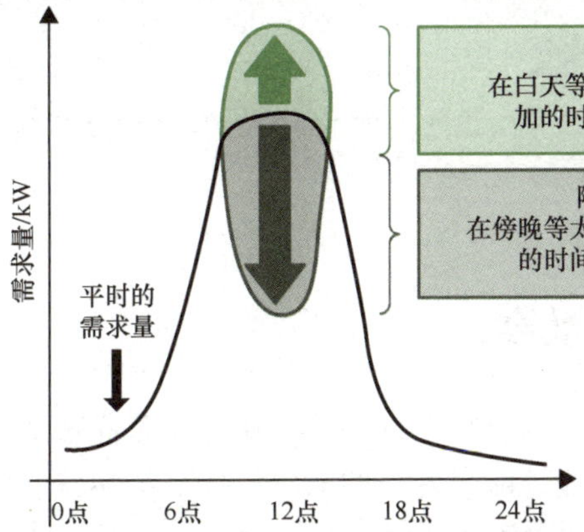

提高DR
在白天等太阳能发电量增加的时间段提高需求

降低DR
在傍晚等太阳能发电量减少的时间段降低需求

需求量/kW

平时的需求量

0点　6点　12点　18点　24点

图 7-10　负瓦特交易示意图

0:00

17:00　高峰时间　10:00

高峰时间的节电的请求

实施节电

给予积分等的等价报酬

要点

✏尽管可再生能源的引入正在取得进展，但其发电量受天气、季节、时间段等因素影响而变化，这是一个挑战。

✏用电需求方可以通过调整用电量和时间来改变电力需求模式，这被称为需求响应（DR）。

✏响应电力公司的请求进行节电，并因此获得报酬的负瓦特交易对于实现碳中和也是必要的。

锂离子电池的回收

▶▶ 电池回收：商业机会

锂离子电池包含有价值的金属原材料（见图 7-11）。随着未来需求的进一步扩张，资源枯竭问题及价格上涨可能引发长期原材料供应的担忧。因此，从废旧锂离子电池中回收稀有金属，不仅有助于稳定原材料供应、构建环境友好型循环社会，还能创造新的商业契机。

▶▶ 难以回收的小尺寸锂离子电池

在回收合作店等收集的废旧小型锂离子电池的回收过程中，通常需历经焚烧、酸溶解、溶剂萃取、电解等步骤，以分别回收钴和镍。然而，由于处理工艺复杂且成本高昂，锂往往被转化为渣（精炼废弃物）。

▶▶ 车载电池的再利用和回收

在混合动力汽车所使用的镍氢电池回收方面，汽车企业已开展相关工作，并与材料制造商建立了回收业务合作关系。类似地，车载锂离子电池的回收工作也主要由汽车行业主导推进。对于车载锂离子电池，通常当电池容量降至初始容量的 20%~30% 时，即被认定为寿命终结，目前主要以"电池本体再利用"为主。2019 年，"电动车活用社会推进协会"成立，致力于推动再利用体系的落地与拓展。

在最新的车载锂离子电池回收技术中，已建立起不通过焚烧废旧锂离子电池而是采用拆解方式，从正极材料中提取镍和钴作为贮氢合金原料的方法（见图 7-12）。不过，在此过程中，锂的回收因成本问题仍面临困境。

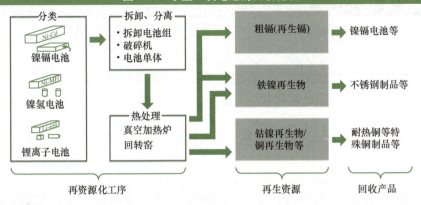

图 7-11　小型二次电池的回收流程

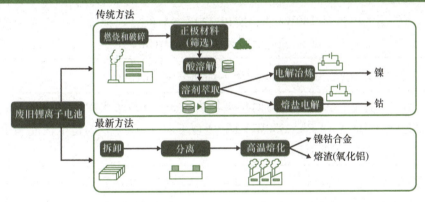

图 7-12　车载锂离子电池的回收方法

要点

✎回收锂离子电池中的稀有金属也是一个新商业机会。

✎从小型锂离子电池中可以分别回收钴和镍，但由于成本问题，锂往往被转化为熔渣（精炼废弃物）。

✎已经建立了一种从车载锂离子电池的正极材料中提取镍和钴作为贮氢合金原料的方法。

尝试在阳台上安装太阳能发电系统

依据第 4 章"实践活动"计算出的需要充电的家电所需电力，来试着挑选阳台发电所需要的太阳能电池和蓄电池吧！动动手，把太阳能电池安装在阳台上进行充电试试。

① 根据想要充电的电量，并结合预算及安装空间等情况，来选定太阳能电池和蓄电池吧。

> 例如，由于阳台比较狭小，所以选择 1 个太阳能电池；考虑到灾害发生时的情况，蓄电池最好选择容量大一些的。
>
> 选择 1 个 100W 的太阳能电池、1 个 720W·h 的蓄电池。因为一天在家办公所使用的电量是 180W·h，所以 720W·h 的蓄电池能够维持 4 天的用电。在灾害发生时，80W 的燃油暖风机可以使用 9h。

② 用太阳能电池将蓄电池充满电大概需要多长时间呢？

> 例如，日本一天的日照时间年平均为 3.3h。100W 太阳能电池一天的平均发电量为 $100W \times 3.3h = 330W \cdot h$，所以要将 720W·h 的蓄电池充满电的话，需要花 2~3 天的时间。

③ 太阳能电池的安装位置和发电量之间是怎样的关系呢？试着改变安装位置和太阳能电池板的角度，在相同时间内发电并进行比较吧。

> 例如，如果安装位置处于阴凉处，发电量就会减少。